算数・数学 わくわく 道具箱

数学教育協議会・伊藤潤一 編

日本評論社

まえがき

　小学校に入学したときもらった「お道具箱」を開けたときのわくわく感を忘れることができません。ハサミ，のり，クレヨン，赤青鉛筆などの学用品も嬉しかったですが，時計板やおはじきやカードなどを手に取り，どんな楽しいことをするのか胸をふくらませたものです。

　時代も箱の中身も変わった今でも，「お道具箱」を手にしたときのあのわくわく感は不変でしょう。

　今回お届けするこの『算数・数学わくわく道具箱』は，大人のための算数・数学セット，いわば大人の「お道具箱」です。

　日常に追われて生活している大人でも，時折，「オモシロイ！ ちょっと遊んでみるか」と思うときがあります。また，「ナルホド！」とナットクしたい気分になることがあります。さらに，「どうしてそうなるの？」と考え込むときもあります。そう，それらの場面には，直接・間接に，算数・数学が絡んでいることが多いのです。

　本書は，算数・数学に絡む大人の「あそび道具」を満載しています。「ナルホドおもちゃ箱」，「ナットクの小道具」，「エッ！ どうしてそうなるの？」の項目を皮切りに「考えるって楽しい！」まで，きっとあなたが「ピカピカの1年生」だったときと同じワクワク感を沸き立たせてくれるはずです。

　本書は，大人でも飛びつきそうな項目を90個ほど厳選し，それぞれ得意そうな先生方に書いていただきました。とおりいっぺんでなく，読者の皆さんのわくわく感を大切にした記述になっています。各項目読み切りですので，パッと開いてオモシロそうなところから読んでくださって結構です。

　私たち数学教育協議会（数教協）は，1951年に創立されてからすでに70年を経過し，日本と世界の算数・数学教育の発展のために大きな貢献をしてきたと自負しています。本書は，この数学教育協議会の創立70周年記念として企

ii

画され，編集委員会を構成して編集にあたりました。

　本書が，多くの人たちのお役に立つことを期待しています。日々ご苦労されている先生方，父母を含む多くの大人の皆さんに読んでいただきたいと考えています。老境に入った大人の方々にとっても健康脳年齢を保つ一助になると思います。

　ところで，ここでいう大人とは，電車・バス料金と同様に中学生以上の人を指しています。日々，得点アップと受験のプレッシャーに耐えながら数学を学んでいる中高生の皆さん，数学を学びつづける力こそ真の「学ぶ力」です。それには，数学を楽しみながら学ぶことが一番大切です。ぜひ本書を読み，「楽しむ力」を身につけてください。そのことが日本の未来をひらくパワーになると信じています。

　最後に，このユニークな本を企画・編集していただいた亀書房の亀井哲治郎さんと，発行の日本評論社に，心から感謝いたします。

　　2022 年 5 月 20 日

　　　　　　　　　　　　　　　編集委員会代表／数学教育協議会委員長

　　　　　　　　　　　　　　　　　　　伊藤潤一

目次

1. ナルホドおもちゃ箱

2. ナットクの小道具

3. エッ！ どうしてそうなるの？

4. 数を探求しよう

8. メガネでながめるふしぎな世界

9. これはビックリ! おどろいた

10. 考えるって楽しい!

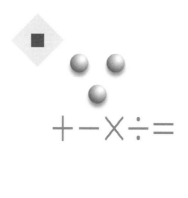

1

ナルホドおもちゃ箱

5歳の好奇心

　生まれたばかりの赤ちゃんでは確かめようがないが，1個の物，2個の物，3個の物を区別するという意味で，人は数認識をもって生まれてくると考えてよい。英語にはsubitizeという言葉がある。チンパンジーにも同じようなことがいえるが，チンパンジーのその発達の仕方は，人のそれとは異なるようだ。

　数や形を同定（同一であると確認）して類（集合）を作るなど，数学的に考える能力を赤ちゃんはもっているが，だからといって小学校に入学して「算数」を学習する準備ができているかというと，そうではない。就学前の数学的な学びについては，市販の教材も含めてたくさんの「おもちゃ」や「あそび」がすでにある。ここでは，それらに内包される学びを考える例を紹介する。

論理マトリクス

　何色かをセットにしたフェルト・ペン（マーキング・ペン）が市販されている。同じメーカーで，細いペンのセットと太いペンのセットがある。細いペンのセットを子どもに渡す。太いペンのセットから1本を取り，「これと同じ」ペンを選び出すように子どもに求める。子どもは「同じペン」を細いペンのセットから選び出す。子どもは「同じ」を考えて，1本を取り出す。どのペンを取り出しても，「よくできました」などと肯定する（否定しない）。そして，たとえば太いペンが黄色のとき，子どもが黄色の細いペンを選び出したときは，「当たり」といって，子どもが考えた「同じ」を強化する。これを数回繰り返し，ペンの数を2本（2色）にし，同じようにペンを取り出すように求める。子どもは，色の組み合わせ判断を面白がり，間違えずに答えることができる。

　就学前の成長として，次のような「論理マトリクス（二重分類）」が「遊び」になる。これは2×3（2行3列の表），3×3，3×4，4×4へと進めていくゲームである。このとき，たとえば，途中で間違えずにマトリクスを完成でき

たら「金メダル」，間違いが2回以内なら「銀メダル」，完成できたら「銅メダル」などと場面設定すると，子どもは挑戦したくなるものだ。

2×3の場合から例を示す。準備するものは，2×3の台紙と6枚の絵カード（下図）。

(1) 2×3の例

完成版から4枚を「あっ，逃げた！」などといって取り外し，元に戻すように指示する。あるいは，空いているところに入れて，やって見せる。続けて，子どもに「当てはまるところに入れましょう」といって，ゲームを始める。子どもは，絵カードを1枚ずつ空いているところに置くので，その都度，「間違い！」とか「ありがとう！」などといって正誤を告げる。そして，完成したときに「金メダル，獲得！」とメダルを渡す。

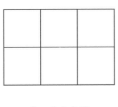

2×3の台紙

絵カード

完成版の例

置き方は1通り。初めは遊び方がわからなくても，見本を見て，子どもなりに少し試行錯誤するだけで理解する。

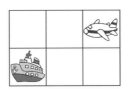

2×3の例（「当てはまるところに入れましょう」）

(2) 3×3の例

置き方は縦と横の2通りある。「当てはまるところに入れましょう」とか「片付けましょう」などといって始める。

(3) 4×4の例

図形の名称は知らなくても，形による「仲間分け」をするこ

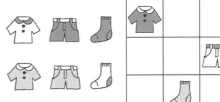

3×3の例

とはできる。

　別の遊び方としては，裏に
も表と同じようにマス目が描
いてある完成版を裏返しにし，
質問を4回だけして各マスの
図形を「当てる」と変更する。

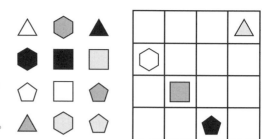

パターンブロック

4×4の例

　基礎的な幾何学的図形を模（かたど）ったおもちゃ『パ
ターンブロック』が市販されている。子どもと
一緒に厚紙で作るのも楽しい。パターンブロッ
クを組み合わせて家や木，花，太陽などを形作
る「遊び」（右図）には，絵がまだ上手に描け
ない子どもでも参加できる。そのときの学びの
進展は，次のようになる。

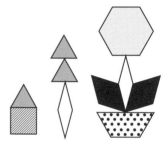

　パターンブロックで作った見本を見て，同じようにその形を作る。次に，パ
ターンブロックで作った絵（パターンブロックを上に置くとぴったり重なる
絵）を見て，パターンブロックでその形を作る。その次に，パターンブロック
で作った絵を見て，その絵を描く。絵は実物大でなくてよい。

　上手にできなくても，子どもは意味を考えながらパターンブロックでいろい
ろな形作りをする。そして，少しずつ認識を変容させていく。

　パターンブロックによる形作りは，概念画（マンガ絵）が描けるようになる
変容の過程である。その結果として，1個の物，2個の物，3
個の物の認識で，4個の物，5個の物を同定できるようになる。
この認識の変容が，就学して「算数」を学習し始める準備に
なる。試しに，右の絵を示して「この絵，何の絵？」と問い，
問答し（子どもは何と答えてもよい），「この絵を描いて」と
求めて，その絵を見るとよい。

［小田切忠人］

1-2　ビー玉数あて遊び

向こうの数は，いくつかな？

　音を鳴らして，目で見て，考えて……。五感を使い，楽しく遊びながら「5
の補数」を覚えることができる小道具を紹介する。

【材料】（1つ分）

　☆透明な入れ物（太めの醤油さしなど）

　　・子どもの手で握りやすい，程よい大きさを選ぶとよい。

　☆ビー玉　5個

　☆仕切り板（厚さ1〜2mmの物）

　　・イラストボード，コルク板，アクリル板など透明でない物でOK。

　☆梱包用透明テープ（仕切り板を固定する）

【作り方】

① 仕切り板を切る。

・幅　⟹　透明な入れ物の直径に合わせる。

・高さ　⟹　入れ物を逆さにして振ったときに，ビー玉がスムーズに動くような大きさにする。

② 仕切り板を垂直に立て，入れ物の底に貼り付ける。

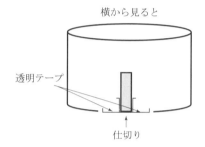

横から見ると

透明テープ

仕切り

仕切り板は必ずしも固定しなくてもよいが，その場合は，相手側のビー玉も見えてしまうことがある。

③ ビー玉5個を入れてふたをする。

できれば同じ色のビー玉がよい。

プラスチックの大玉ビーズなどでもよい。

④ 完成！

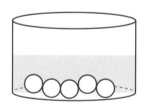

振ったときに鳴る音から，子どもたちが「ジャラジャラ」と名付けてくれた。

【遊び方】

逆さにして「ジャラジャラ」を振って，元に戻す。

仕切りの手前に見えるビー玉の数から，向こう側の数を当てる。

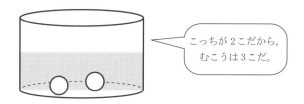

こっちが 2 こだから，
むこうは 3 こだ。

《2人で遊ぶ》

　2人一組で1つの「ジャラジャラ」を用意し，振る順番を決める。

こっちの数は
いくつでしょう？

4つ見えるから
1こだ！

　交代で数をあてる遊び方の他，同時に見て，より早く相手側のビー玉の数を
いいあてたりする遊び方もできる。

【失敗談】

　最初は，10の補数用にと，赤・青2色のビー玉を5個ずつ入れて，作った。
しかし，失敗だった。なぜなら……

　たとえば，「手前に赤3個，青4個の7個」が見えたとすると，

　　　「3 + 4 = 7」

という足し算をした後，

　「こっちが7だから3だ」

というように，複雑に考えなくてはならないからだ。

　一目で数の認識ができるのは「5まで」といわれる。5を超えると，どうし
ても，「1, 2, 3, ……」と数えなくてはならない。

　誰もが楽しく遊ぶには，「5個のビー玉」がベストなのである。

［廣瀬史子］

パタパタタイルでらくちん計算

5のカンヅメを作ろう
（かたまり）

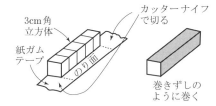

3cm角
立方体

カッターナイフ
で切る

紙ガム
テープ

のり面

巻きずしの
ように巻く

● 次ページからのイラストでは：

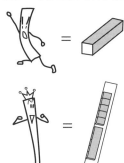

=

=

パタパタタイルの作り方

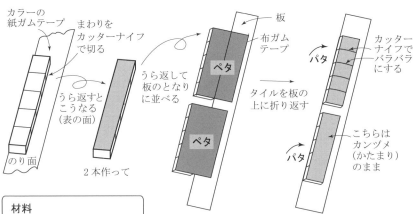

カラーの
紙ガムテープ

まわりを
カッターナイフ
で切る

うら返すと
こうなる
（表の面）

のり面

2本作って

板

ペタ

布ガム
テープ

ペタ

うら返して
板のとなり
に並べる

タイルを板の
上に折り返す

パタ

パタ

パタ

カッター
ナイフで
バラバラ
にする

こちらは
カンヅメ
（かたまり）
のまま

材料
- 1.5 〜 2.5 cm 角の
  モザイクタイル 10 個
- カラーの紙ガムテープ
- 布ガムテープ
- 板

ばらばらのタイルは，転がったり無くしたりして，低学年の
子どもたちには扱いにくいことがある。そこで考案された
のが「パタパタタイル」。使っていると「パタパタ」と音がする
ことから名付けられた。

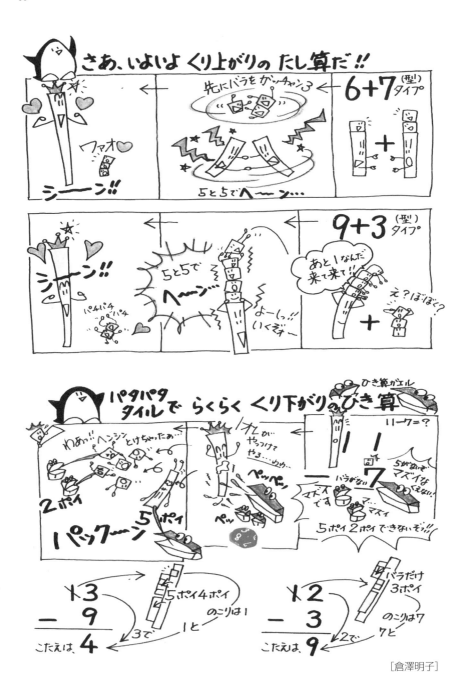

[倉澤明子]

1-4　九九すらすらマシーン

忘れても大丈夫，秘密の道具

　　掛け算の学習が進んできて，子どもたちが習った段を楽しく覚えるための教具である。子どもたちに配り，「九九すらすらマシーン」を使いながら，掛け算を覚えさせていく。タイルも見えるので，量としてわかる。厚紙に拡大印刷をして使うとよい。

【作り方】
① 厚紙に拡大印刷をする。
② すべての部品を切り取る。
③ 九九が出てくる ▮ を切り抜く。
④ 裏面に，糊付け用の紙を上と下に合わせて糊で貼る。
⑤ 裏面に貼った糊付け用の紙だけに糊をつけて，表面も貼る。

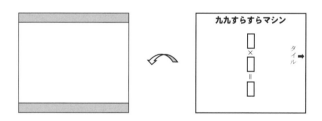

【使い方】
　表面と裏面の間に，段のカードを入れて引き抜いていくと，掛け算とタイルが見えてくる。

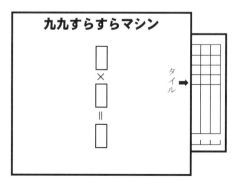

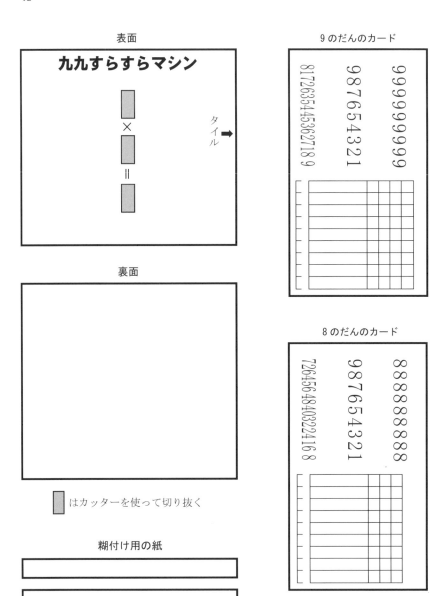

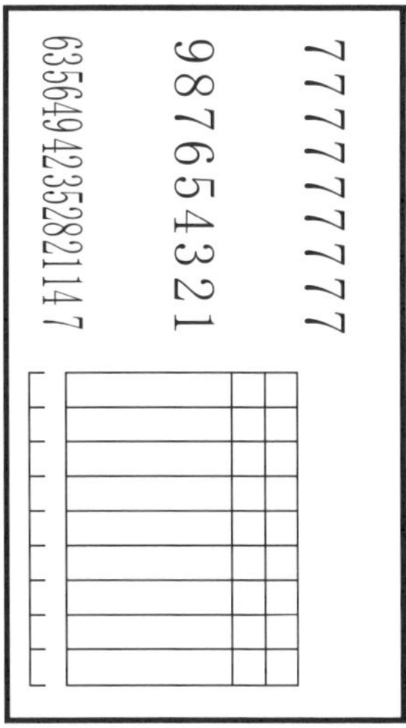

7のだんのカード 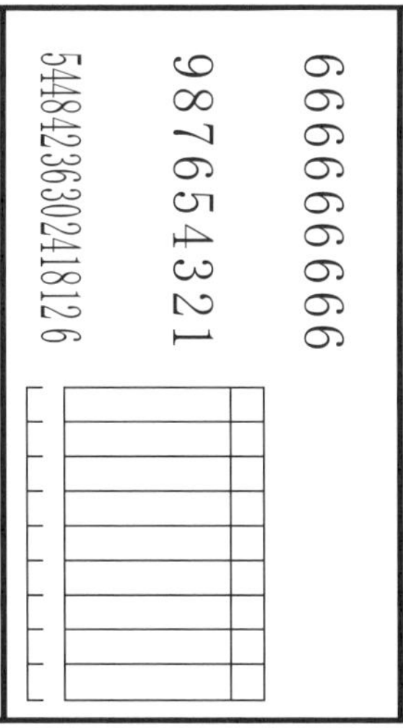　　6のだんのカード 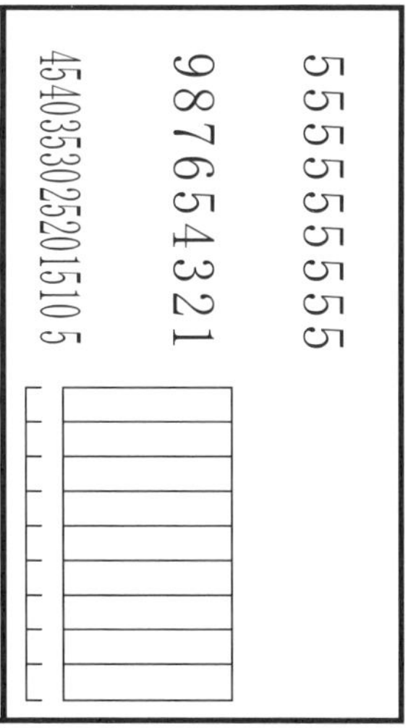　　5のだんのカード

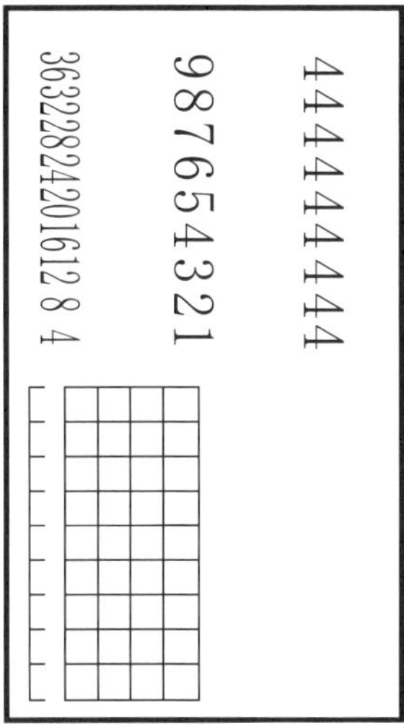

7のだんのカード
7777777777
987654321
63 56 49 42 35 28 21 14 7

6のだんのカード
6666666666
987654321
54 48 42 36 30 24 18 12 6

5のだんのカード
5555555555
987654321
45 40 35 30 25 20 15 10 5

4のだんのカード 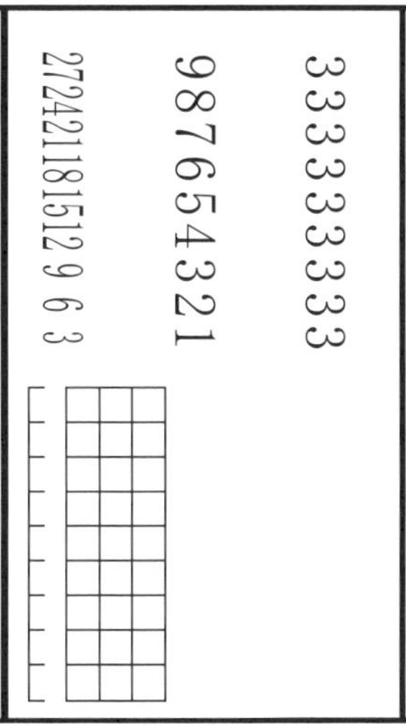　　3のだんのカード 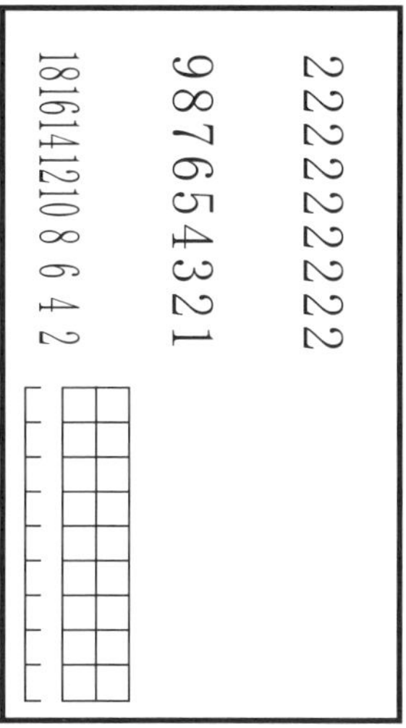　　2のだんのカード

4のだんのカード
4444444444
987654321
36 32 28 24 20 16 12 8 4

3のだんのカード
3333333333
987654321
27 24 21 18 15 12 9 6 3

2のだんのカード
2222222222
987654321
18 16 14 12 10 8 6 4 2

[石川義人]

1-5 おもしろ道具で重さがバッチリ

空気に重さはあるの？ ないの？

先生「空気に重さはあるの？ ないの？ どう考える？」

　万有引力を発見したニュートンは，りんごの落下運動をヒントに引力を発見した。このように，目で見える物であれば，物体が落下することで，重さがあることは実感できるし，何となく分かるよね。

予想を立てよう

　しかし，空気はどうだろうか？ 空気はりんごのように目には見えないし，手に取って触ったという実感さえもない。そんな物に重さはあるのか？

【予想①】 空気は目に見えない ＝ 空気に重さはない

A さん「だって，空気は目に見えないから重さはない」

B さん「以前，お父さんから，温まった空気は上へ行くと聞いた。上へ行くということは，重さはないのではないかなあ」

C さん「空気に重さがあれば，ぼくたちは重くて動けないはずだよ」

D さん「自由に動けるのは，空気に重さがないからだ」

先生「確かに，目に見えないから重さはないと考えているのだね」

【予想②】 風（空気）に押される ＝ 空気に重さはある

E さん「ティッシュが落ちている途中で，ティッシュに息を吹きかけると，ティッシュは空気に押されて，スピードが速くなる。ということは，空気に重さがあるからだ」

Ｆさん「扇風機の風が体にあたると，体が押される。空気が体を押すということは，空気に重さがあるからだ」

先生「風（空気）が，物体を押したり移動させるということは，空気そのものに重さがあるからだと考えているのだね。他のみんなはどちらの考えに賛成？

《空気は目に見えないから，重さはない》という考えの人？

《いやちがう。見えなくても，重さはちゃんとある》という考えの人？」

実証実験をどうするか

先生「空気に重さがあるのか？ ないのか？ をどうやって確かめるかが問題だ。つまり，どんな実験道具を使って，どんな実証実験をするかだね」

生徒たち「空気をたくさん集めれば分かる」「風船に空気を入れて測ればいい」「袋に空気を溜めて測ればいい」

などなど，アイデアはいっぱい。でも，他の意見も。

生徒たち「でも，風船の重さはどうするの？」「風船自体に重さがあるんだよ」「たくさん集めないと分からないかもよ」「空気をたくさん集めるにはどうしたらいいの？」

先生「確かに，空気を何かに溜めて実験するという考え方は間違ってないよ」

登場《空気の重さ実験器》

先生「確かめられる実験装置を作ったから見て！」

空の缶に穴を開けて，そこに自転車のバルブをハンダで接着したもの。作り方はちょっと大変で，みんなで作るのは難しいから，説明だけしておくよ。

　① 自転車のチューブからバルブを切り取り，焼いてブラシをかける。細かいゴミやゴムのかすをきれいに取り除く。

　② 缶の接着部分に紙やすりをあてて塗料をはがし，その部分にバルブの径に合わせた穴を開け，バルブの下の部分を穴に入れ，細い針金を通してゆるやかに固定しておく。

　③ バルブの周囲にハンダをぐるぐると５周ほど巻きつける。

　④ 最後に火炎を当てて巻きつけたハンダを一気に溶かす。

いよいよ実験へ

実験器の重さ ＝ 粘土の重さ

① 上皿天秤を使う。最初に，上皿天秤の一方に缶，他方に粘土をのせて，天秤の針が中央を指すようにつり合わせておく。

② 缶を下ろして，空気を詰め込む。自転車の空気入れで缶の中に20回～30回空気を入れていく。

先生「Aさん，缶を持っていて」

Aさん「缶が熱いよ！」

先生「空気の分子が缶の中で激しく運動しているから熱を出したんだ」

空気を詰め込んだ実験器の重さ ＞ 粘土の重さ

先生「空気を詰め込んだ缶を上皿天秤にのせるね」（コトと音がした）

Bさん「缶のほうが下がっている」

先生「さっきまではつり合っていたのに，空気を詰め込んだ分だけ，缶が重くなっていたってことだね」

再び，実験器の重さ ＝ 粘土の重さ

先生「缶のバルブの部分をゆるめて，空気を吐き出してみるよ」

　（シューッと音を立てて，皿の上で少しずつ空気をはき出していった）

Cさん「天秤の針が動き出した」

Dさん「真ん中に戻ってきたね」

重さがない物はないんじゃないか

先生「空気にも重さがあったことがわかったね」

生徒たち「人間は力があるし重いから，空気の重さを感じないけど，空気に重さがあるんだ」「見えないものでも重さはあるんだね」「ものには重さはあるんだ。重さってすごいね」「重さがないように見える小さな物にも重さがあった。重さがないものはないんじゃないかなあ」

[山本忠義]

○△小学校へ通う健太くんは，凸凹博士の家にやってきた。

健太「博士，こんにちは」

博士「やあ，健太くん。こんにちは」

健太「博士，何をしているのですか？」

博士「これかね。ちょうど家に針金があったから，恐竜を作ってみたんだよ」

健太「へえ，かっこいいなあ。これ，もしかしてティラノサウルスですか？」

博士「ほほう，健太くん，よく知っているね」

健太「ぼく，恐竜が大好きなんです。ぼくも作ってみたいなあ……。そうだ，ティラノサウルスを作るのに，針金をどのくらい使ったんですか」

博士「そういわれてもなあ……。いちいち長さを測っていないからなあ」

健太「このティラノサウルスをばらばらにして，長さを測ってもいいですか」

博士「それはダメだよ。ばらばらにされたらもとの形に戻すことは無理だよ」

　さて，健太くんはどうしただろうか？　皆さんも考えてみてください。

　健太くんは考えた。

健太「博士，これを作った針金は残っていませんか？」

博士「ああ，ここに残った針金があるが，どうするんだい？」

　健太くんは，残っていた針金の長さを測ってみた。ちょうど3mだった。そして残った針金を恐竜に当ててみたが，何m使ったかは分からなかった。健太くんは考えた。いろいろ考えた。うんと考えた。そして，ひらめいた。

健太「博士，あそこにある秤を貸してください」

博士「ああ，いいよ。秤を使って何をするのかな？」

　健太くんが残った針金の重さを量ってみたら21gだった。

健太「次はティラノサウルスの重さを量ってみよう」

　ティラノサウルスの重さを量ってみたら77gだった。

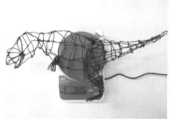

　健太くんは，博士に紙と鉛筆を借りて表を作ってみた。

長さ（m）	3	□
重さ（g）	21	77

健太「3mで21gだから，1mの重さは……，7gだ。1mの重さが7gだから，77gは何mになるかな……。77÷7＝11だから，11mだ」

※別解として，倍で考える方法もある。

$$77÷21 = \frac{11}{3} \text{（倍）} \qquad 3×\frac{11}{3} \text{（倍）} = 11 \text{（m）}$$

　健太くんは，さっそく博士に知らせることにした。

健太「博士，ティラノサウルスを作るのに使った針金の長さが分かりました。11mです」

博士「ほほう，そんなに使っていたのか。びっくりじゃのう。針金の恐竜をばらばらにしなくても長さが分かるなんて，健太くん，すごいのう」
健太「博士，それほどでもありませんよ。はっはっは……」

　健太くんは，自分でも恐竜をぜひ作ってみたいと思っていたので，博士にお願いした。
健太「博士，ぼくも針金で恐竜を作ってみたいので，もし針金があったらもらえませんか？」
博士「ああ，アルミの針金があったから，持っていきなさい」
健太「ありがとうございます。恐竜ができたら持ってきます。さようなら」
博士「楽しみにしているよ」

　博士からもらったアルミの針金を持って走って家に帰った健太くん。恐竜図鑑を見ながら作ったのは，あのトリケラトプスだった。

　健太くんは，家に帰ってから夢中になって作ったので，アルミの針金を何m使ったか分からなかった。そこで，長さと重さを調べてみた。
　　　　残った針金の長さは1.5m，重さは3g。恐竜の重さは21.6g。
【問題】　さて，トリケラトプスを作るのに使った針金の長さは？

（解答は283ページ）

　もし針金があったら，何か作ってみてはいかが？

［木下　彰］

時間ものさし まえ⇔うしろ

○分後って何時何分？ ○分前って何時何分？

「50分後って何時何分だろう？」といわれて，すぐパッと答えられるだろうか。これは大人でも「ん？」と一瞬考えてしまうのではないだろうか。時計の盤面が頭に浮かんで，針をぐるっと動かすイメージが浮かんだところで，「あっ！ ○時○分だ！」と自信をもっていえるかどうか。

小学校の算数ではさまざまな量を学ぶ。時間もその一つ。長さやかさといった量とちがって，十進構造になっていない時間は，小学生にもやっかいなものである。

そこで，《時間ものさし まえ⇔うしろ》という教具を紹介しよう。時間も生活の中にある数の世界の一つ。「時間なんて生活の中で身につくものだ」と無下にせず，この教具を通して，時間の学習も楽しんでもらいたい。

時間ものさし まえ⇔うしろ

この教具は，下の断面図の斜線の部分に空洞を作り，その空洞を紙が前後に動いて，時間の変化を表すように作ってある。

断面図 ➡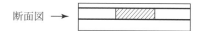

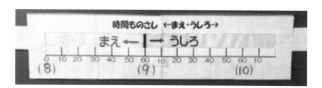

たとえば，上の写真では，ちょうど9時のところが基準になっている。これを基準に，「まえ」を左にスライドさせれば9時より前の時間を，「うしろ」を右にスライドさせると9時より後の時間を表せるようになっている。

例：30分前

「まえ」を左にスライドすると，8時30分

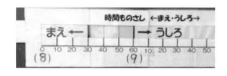

例：30分後

「うしろ」を右にスライドすると9時30分

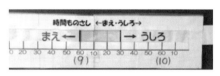

たとえば，こんな問題を考えてみよう。

【問】8時40分に学校を出ました。図書館までは50分かかります。図書館には何時何分に着きますか？

【答】9時30分

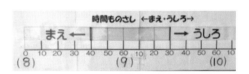

8時40分に合わせて，右に50分スライドすると，答の9時30分になる。

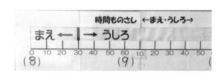

【問】8時30分に学校を出て，水族館に9時40分に着きました。学校から水族館までは何分かかりましたか？

【答】70分

8時30分に合わせて，右にスライドして9時40分に合わせ目盛りを見ると，答は70分。

筆算を使ってやってみよう

時間の計算も「時」「分」を位に見立てて筆算にしてみるのもよい。

【問】8時40分に学校を出ました。図書館までは50分かかります。図書館には何時何分に着きますか？

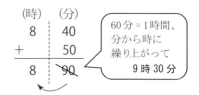

(時)　(分)
　8　　40
＋　　　50
　8　　90

60分＝1時間，分から時に繰り上がって **9時30分**

【問】動物園を出て3時30分に学校に着きました。動物園から学校まで50分かかります。動物園を出たのは何時何分でしょう？

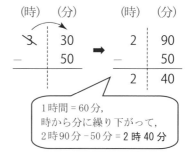

(時)　(分)　　　　(時)　(分)
　3　　30　　➡　　2　　90
－　　　50　　　　－　　　50
　　　　　　　　　　2　　40

1時間＝60分，時から分に繰り下がって，2時90分－50分＝**2時40分**

　こうやって，時間の経過の問題も，教具・図を使ったり，筆算にあてはめると，考えやすくなりますね。

時間問題 特別版

【問】（人生三万日時代）　1948年7月10日生まれのKさんが，生まれて3万日目は，何年何月何日でしょう？
　——うるう年は4年に1回，また100で割れて400でも割れるので2000年はうるう年だから，2030年8月29日だと思います。合ってるかな？

【問】（2020年6月21日，那覇，金環日食）　15時59分36秒から18時23分11秒まで日食が起こりました。何時間何分何秒でしたか？
　——筆算してみよう。2時間23分35秒で間違いないだろうか？

[原 啓司]

1-8　分数麻雀で通分をマスターしよう

1. 分数麻雀の面白さ

　5年生で通分を学んだとき，ドリル的に通分を練習するが，ただ技能を磨くだけでつまらないと感じる子どもが多く，本気になってマスターしようと考える子どもは少ない。

　ここで，分数麻雀（マージャン）の登場である。麻雀を知らなくても，ゲームをすると我を忘れるくらい没頭する楽しい

ゲームである。通分の練習問題を始める前にこのゲームをすると，もっと自分の腕を磨こうと思い，練習問題も強制ではなく自ら解いていくようになる。子どもにとって，ドリル学習が意義のあるものになるのである。

　麻雀と似ているのは，3枚の組み合わせの仕方がいろいろあって，最後は「ロン」という号令で上がり（終了）となることである。3枚の組み合わせを瞬時に考えないといけない，ひらめきの喜びを感じるゲームである。

2. 分数麻雀のゲームの仕方

①　分数カード（次ページ図）。

　カードは分数の「数字カード」6種類，「図カード」6種類。合計12種類。それぞれ4枚ずつで合計48枚のカードでゲームをする。

②　ゲームはふつうは4人で行う（2,3人でも可）。

③　配るカードは1人2枚。

④　残ったカードはゲームをする人の真ん中に積んでおく（山とよぶ）。

24

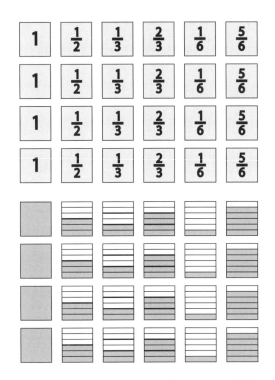

⑤　じゃんけんで親を決める。親はカードを山から1枚持ってきて，いらないカードを自分の前に表をむけて捨てる。

⑥　ゲームは右回りに進める。

⑦　3枚そろった人が勝ち（あがりという）。

●あがり方（2通りある）

（ア）　自分で3枚目のカードをめくって「あがり」のとき。

（イ）　自分がほしいカードを誰かが捨てて「あがり」のとき。

●どんなカード3枚で「あがり」なのか

（ア）　同じ種類のカード3枚になったとき（数字カードと図カードは混ぜない）。

（イ）　3枚のカードのうち2枚を足し算すると残りの1枚になるとき（数字カードと図カードは混ぜない）。

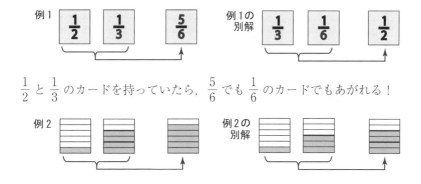

$\dfrac{1}{2}$ と $\dfrac{1}{3}$ のカードを持っていたら，$\dfrac{5}{6}$ でも $\dfrac{1}{6}$ のカードでもあがれる！

$\dfrac{1}{6}$ と $\dfrac{2}{3}$ のカードを持っていたら，$\dfrac{5}{6}$ でも $\dfrac{1}{2}$ のカードでもあがれる！

3. 分数麻雀のゲームの発展

　ここでは1人にカードを2枚配り3枚完成のゲームを紹介した。他に，1人に5枚配り6枚完成（3枚ずつ2組）のゲームも考えられる。こちらのほうがずっとゲームとしてスリリングである。ぜひ取り組んでほしい。

［伊田忠司］

猫美と魔未がお話をしています。

猫美「ねえ見てよ！『わくわく道具箱』っていうからどんなスゴイものがあるかと見てみたら，こんなものを見つけたわよ」

魔未「ん？ どうやら長さを測るモノサシじゃないの。何かワクワクするの？ こんなもので」

猫美「ワクワクどころじゃないわよ。だれかまぬけなお方が，よりによって目盛りをゴムひもに書いちゃってる。こんなもの使えないわー！」

魔未「本当だ，このモノサシ，ゴムひもじゃないの！ 確かにモノサシはきちんと正確に長さを測らなきゃいけないのに，肝心の目盛りがかんたんに伸び縮みするんじゃあ，使いものにならないね」

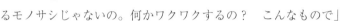 猫美「とんだガラクタを見つけてしまったわ」 ポイッ！

猫美「ところで魔未，私，ダイエットのために食べる量を『腹8分』にしようと決心したわけなのよ」

魔未「8分というのは，『0.8』の昔の言い方ね。10等分した8個分。ちょっと少なめにするということか」

猫美「毎日1本食べてるこの羊かんも8分にしようと思って，定規あてたら長さが16.5 cm。8分ってどのくらいになるんだ。さっぱりわかんない」

魔未「羊かんを毎日1本？　0.8にしても多いわよ。うーん，まてよ，あっ！　さっきの使えないモ

ノサシが使えるんじゃないかな？」

猫美「えー，どういうこと？」

さてさて，羊かんの0.8を取り出すために，例の使えないモノサシをどうやって使うのでしょうか？？

猫美「0.8って，この大きさになるのね。使えないと思っていたゴムひものモノサシ，使えるじゃないの！」

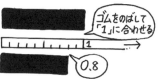

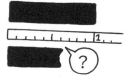

猫美「じゃあ，じつは夜中に一口かじった残りの羊かんがあるんだけど，元の羊かんのどれくらい残っているのか，これで測れるわね」

魔未「夜中にかじったw……」

かじった羊かんは，元の羊かんのどのくらいになるのかな？

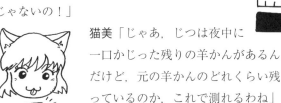

魔未「元の羊かんの0.4ね。ホント！　このモノサシ，使えるじゃん。もっと測ってみようよ」

猫美「じゃあ，私の大好物の棒アイスに『1』を合わせて，いろいろなものを測ってみよう」

棒アイスを『1』に合わせたら，どんな数字になるかな？？

28

猫美「なかなかおもしろかった。このモノサシは何でも『1』に合わせて他のものを測ってしまうモノサシなのね。役に立たないなんていって, 反省したわ」

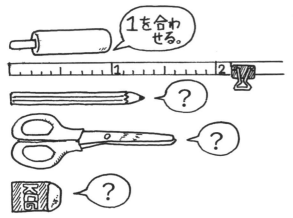

魔未「そう, なにかを『1』にして他のものの大きさを表した数を「割合」っていうのよ。だからこのモノサシは『1』を決めて割合を測っちゃうから,『割合測定器』っていうのよ。元の羊かんの0.8という割合は, 巷では80％ともいうのよ」

猫美「あら, 魔未, 知ってたの？」
魔未「知っていたわよ」
猫美「知らないふりしてたって, 何だか腹が立つわ」
魔未「どのくらい怒ってるの？」
猫美「このくらい, この割合測定器の目盛りじゃ足らないわ」
魔未「測れるわよ。2.5ね。250％」
猫美「フンギャー！」

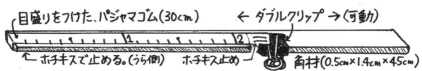

「100 m は何ミリ？」といわれると，すぐには答えられない。ところが，この「単位いっぱつわかり器」があれば，いっぱつでわかる。

小型の「単位いっぱつわかり器」

右図のように，中に入っている尺を引っ張り出し，100 m となるところに「1」をもってくる。そして「mm」のところで単位を読むと，100000 mm となる。

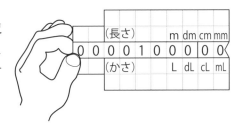

(長さ)					m	dm	cm	mm		
0	0	0	0	1	0	0	0	0	0	
(かさ)					L	dL	cL	mL		

まず，その作り方。

① 工作用紙で次の 7 つのパーツを作る。

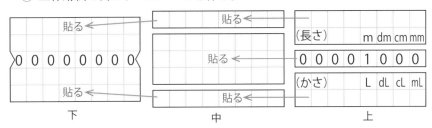

下　　　　　　　　中　　　　　　　　上

② 図のように貼り，パーツ 1 と 2 を作る。

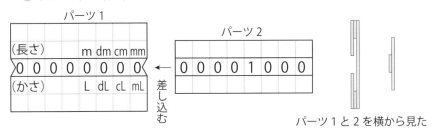

パーツ 1

パーツ 2

差し込む

パーツ 1 と 2 を横から見た

③ パーツ1にパーツ2を差し込むと下のように出来上がり。

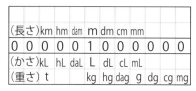

バージョン・アップ (1)

「重さ」を入れて，またk（キロ）もわかるようにした。

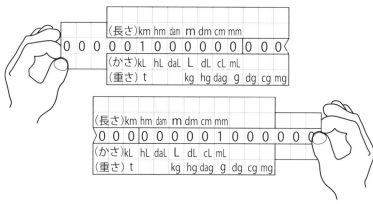

1 t は 1000000 g で，1 mL は 0.001 L だ。

バージョン・アップ (2)

「面積」が入ってきて，賑やかになった。

（面積）	km²	hm²	dam²	m²	dm²	cm²	mm²
（長さ）		km	hm	dam	m	dm	cm	mm

0 0 0 0 0 0 0 1 0 0 0 0 0 0 0 0 0 0 0 0 0

（かさ）	kL	hL	daL	L	dL	cL	mL
（重さ）	t		kg	hg	dag	g	dg	cg	mg

$1\,\mathrm{km}^2$ は $1000000\,\mathrm{m}^2$ で，1 メートル四方の正方形が 100 万個もあるのだ。

バージョン・アップ (3)

「体積」が入ってきて，ますます賑やかに。小学生が筆箱に入れておくと，ちょっと便利で自慢もできる。

（面積）	km²	hm²(ha)	dam²(a)	m²	dm²	cm²	mm²
（長さ）			km	hm	dam	m	dm	cm	mm

0 0 0 0 0 0 0 0 0 0 0 0 0 0 0 1 0 0 0 0 0 0 0 0 0

（かさ）	kL	hL	daL	L	dL	cL	mL
（重さ）	t	kg	hg	dag	g	dg	cg	mg
（体積）	km³	hm³	dam³	m³	dm³	cm³	mm³

おまじない

「キロキロとヘクト　デカけたメートルがデシにおわれてセンチミリミリ」

単位は m と L を基本単位として，その 10 分の 1 が dm，dL。100 分の 1 が cm，cL。1000 分の 1 が mm，mL。そして，基本単位の 10 倍が da（デカ），100 倍が h（ヘクト）。そして 1000 倍が k（キロ）ということがわかれば，単位換算は怖くない。そこで，おまじない。

	と		けた		が		におわれて	
キロキロ	ヘクト	デカ	メートル	デシ	センチ	ミリミリ
km	**hm**	**dam**	**m**	**dm**	**cm**	**mm**

［何森和代］

"－"を引くは"＋"を足すこと？

トランプ・ゲームで正負の数の引き算

　トランプでゲームをしよう。《赤と黒のゲーム》である。

【ゲームの説明】（4人でゲームをする場合）

　17枚（1から4の4枚×4種類＋ジョーカー）のカードを用意する。

　黒カード（スペードとクローバー）がプラス点，赤カード（ハートとダイヤ）がマイナス点とする。ジョーカーは0点とする。

　①　1回目はジャンケンで親を決める。2回目以後は，前回トップだった人が親になる。

　②　親がカードを配る。1人は他の3人よりカードが1枚多くなる（1回目は親）。

　③　"ババ抜き"の要領で，順番にカード1枚抜いていく。最初は1枚多い人が抜かれる。順番はどのように決めてもよい。

　④　カードが1枚多い人の次の順の人がカードを1枚抜いたときからゲーム開始である。

　⑤　ババ抜きと違って，数の同じカードでも捨てない。抜いてきたカードと，手持ちのカードがすべて自分の得点になる。

　⑥　自分がトップ（合計得点が一番高い）と思ったときに「ストップ」をかけることができる。

　⑦　「ストップ」宣言は，カードを抜くか，カードが抜かれたかの操作が完了したときに限る（誰の操作であってもよい）。

⑧　「ストップ」宣言は，最低，
1まわりしてからである。

⑨　「ストップ」宣言でゲー
ムは終了する。

⑩　各自得点を計算し，得点
の高い人から順位を決める。
「ストップ」宣言をした人がト
ップでないとき（同点を含む）
は，そのときの一番得点の低い
人と宣言者の得点を交換する。

赤と黒のゲーム得点表

氏名 ＼ 回数		1	2	3	4	5	6	総合順位
	得点							
	順位							
	得点							
	順位							
	得点							
	順位							
	得点							
	順位							
合計点								

⑪　⑨のとき，一番得点の低い人が2人いた場合は，ノーカウントにして，
ゲームをやり直す。

【得点の例】

手にしたカードが次の4枚だったとする。

   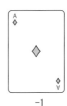

　　　　+2　　　　　　+4　　　　　　−3　　　　　　−1

このときの得点は，$(+2)+(+4)+(-3)+(-1)=+2$点である。この
状態からハートの3を引かれると，

得点は，$(+2)+(+4)+(-1)=+5$点となる。すなわち，

　　　$(+2)-(-3)=+5$

という式が成り立っている。ここで−3を引かれることは全体として＋3だけ

34

増えるのと同じだということに気づく。つまり，

$$(+2) - (-3) = (+2) + (+3)$$

という式が成り立つのである。

　同様にして，プラスのカードを抜かれることは，その分全体の得点が減ることから，マイナスのカードが増えることと同じであるということにも気づくことができる。

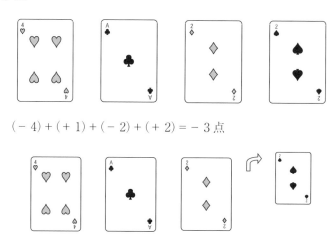

$$(-4) + (+1) + (-2) + (+2) = -3 点$$

$$(-4) + (+1) + (-2) = -5 点$$

すなわち，$(-3) - (+2) = -5$ が成り立っている。つまり，

$$(-3) - (+2) = (-3) + (-2)$$

という式が成り立つ。

　この例では，$+2$ と -2 を合わせて 0 であったところから，$+2$ を引くことにより，-2 が現れることがよく分かる。

　ゲームを進めていくと，減法の法則が理解できる。プラスの数を引かれると損をし，マイナスの数を引かれると得をすることから，次のことが分かる。

　「マイナスの数を引くことは，プラスの数を足すこと」と同じである。

　「プラスの数を引くことは，マイナスの数を足すこと」と同じである。

　なお，ゲームの人数や使用するカードの枚数は自由に決めてよい。

[長内尚明]

1-12 $\sqrt{}$ トランプで遊ぼう

$\sqrt{}$ トランプとは？

普通と違うトランプとその遊び方を紹介しよう。

　皆さん，このカードの平方根表示が同じ数を表しているのはわかるだろうか。$\sqrt{}$ トランプは，平方根が

$$\sqrt{12} = \sqrt{2^2 \times 3} = \sqrt{4} \times \sqrt{3} = 2\sqrt{3}$$

のように変形できることを利用してゲームをする。名刺用のカードや厚紙に描いて作っても楽しめる。変形を学んだ後に，その演習としてやってみよう。チャレンジした中学生たちにはとても好評である。

　「意外に頭を使うゲームだった。でも楽しく勉強できた」

　「ババ抜きで，同じものを見つけるのにすごく時間がかかって大変だった。でも楽しかった」

　「神経衰弱，おもしろかった」

　「頭の中で計算できるようになった」

　「めっちゃ楽しかったです。難しかったけど，今までで一番楽しい授業でした」

　今回紹介するのは次の 13 種類。あとジョーカーを作れば，普通のトランプ

と同じゲームが何でも楽しめる。値の小さなものから並べておこう。

①	②	③	④	⑤	⑥	⑦	⑧	⑨	⑩	⑪	⑫	⑬
$\sqrt{1}$	$\sqrt{4}$	$\sqrt{8}$	$\sqrt{12}$	$\sqrt{18}$	$\sqrt{20}$	$\sqrt{27}$	$\sqrt{32}$	$\sqrt{45}$	$\sqrt{48}$	$\sqrt{50}$	$\sqrt{64}$	$\sqrt{75}$

4スート（4種類のマークのこと）のカード一覧はこんな感じ。

	◇	♣	♥	♠
①	$\sqrt{1}$	$\sqrt{1^2}$	1	$\sqrt{1} \times \sqrt{1}$
②	$\sqrt{4}$	$\sqrt{2^2}$	2	$\sqrt{2} \times \sqrt{2}$
③	$\sqrt{8}$	$\sqrt{2^2 \times 2}$	$2\sqrt{2}$	$\sqrt{4} \times \sqrt{2}$
④	$\sqrt{12}$	$\sqrt{2^2 \times 3}$	$2\sqrt{3}$	$\sqrt{4} \times \sqrt{3}$
⑤	$\sqrt{18}$	$\sqrt{3^2 \times 2}$	$3\sqrt{2}$	$\sqrt{9} \times \sqrt{2}$
⑥	$\sqrt{20}$	$\sqrt{2^2 \times 5}$	$2\sqrt{5}$	$\sqrt{4} \times \sqrt{5}$
⑦	$\sqrt{27}$	$\sqrt{3^2 \times 3}$	$3\sqrt{3}$	$\sqrt{9} \times \sqrt{3}$
⑧	$\sqrt{32}$	$\sqrt{4^2 \times 2}$	$4\sqrt{2}$	$\sqrt{16} \times \sqrt{2}$
⑨	$\sqrt{45}$	$\sqrt{3^2 \times 5}$	$3\sqrt{5}$	$\sqrt{9} \times \sqrt{5}$
⑩	$\sqrt{48}$	$\sqrt{4^2 \times 3}$	$4\sqrt{3}$	$\sqrt{16} \times \sqrt{3}$
⑪	$\sqrt{50}$	$\sqrt{5^2 \times 2}$	$5\sqrt{2}$	$\sqrt{25} \times \sqrt{2}$
⑫	$\sqrt{64}$	$\sqrt{8^2}$	8	$\sqrt{8} \times \sqrt{8}$
⑬	$\sqrt{75}$	$\sqrt{5^2 \times 3}$	$5\sqrt{3}$	$\sqrt{25} \times \sqrt{3}$

枚数は13種類 × 4スート ＝ 52枚だから，ジョーカーを入れると，普通のトランプと同じ枚数になる。

ババ抜き，神経衰弱，大富豪（$\sqrt{4} = 2$ が最強），七並べ（$\sqrt{27}$ を中心に並べる），豚のしっぽなどで遊べる。4～5人でゲームをするのがおすすめである。

ルート（平方根）の変形は練習が必要

　このルート・トランプを使って遊ぼう。ゲームを楽しんで平方根の練習にもなる，というわけだ。

　さあ，はじめよう。

　カードを手に取ったら，まず順番に並べてみよう。13 種類のカードを一覧表を見ながら，写真のようにスートごとに一列に並べよう。最初はダイヤを基準に並べるとよい。

　そして，最初のゲームはババ抜きがおすすめ。表し方の違う同じ数を確認するために，一度目のゲームは練習から始めるといいかもしれない。同じ数のペアのカードを捨てるとき，グループみんなで同じかどうか確かめよう。

　まだちょっと自信がない人も，グループの誰かがきっと教えてくれる。そこがゲームのいいところ。いつもはさっさと進んでいくババ抜きも，最初はどれが同じかわからなかったり，間違ったりして，きっとイライラする。でも，しばらくやっていくうちに，頭の中でルートの計算が何度も行われて，だんだん慣れていく。

　慣れてきたら，神経衰弱や大富豪など，さまざまなゲームに挑戦してみよう。

　「ほんまに神経やられる」

　「めっちゃ頭使うわ」

　「やっぱり，ババ抜きでいいわ」

　そんなときはババ抜きに戻るのもよい。どのゲームでもいい。遊びながら，計算して学んでいるのだから。

　「計算方法，めっちゃわかったわ」という声が聞こえたらうれしい。

［園田　毅］

1-13 2乗して2になる数を求めよう

量を意識して無理数を伝える

1 cm² ~ 10 cm² の正方形を作ろう！

方眼紙を利用して 1 cm² の正方形から始めて 2 cm², 3 cm², ……, 10 cm² の面積の正方形を作ってみよう。10 個全部できるかな？

1 cm², 4 cm², 9 cm² の正方形はすぐできたかもし

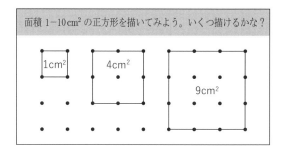

面積 1−10 cm² の正方形を描いてみよう。いくつ描けるかな？

1cm²　4cm²　9cm²

れない。でも，2 cm² はどうしよう？

「4 cm² はできるから……，あっ」と気づいてもらえただろうか。そう，4 cm² の正方形の辺の真ん中を結ぶと 2 cm² の正方形ができる。ちょうど面積がもとの正方形の半分，2 cm² になる。同じ作り方で 8 cm² もできてしまう。

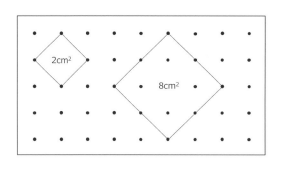

2cm²　8cm²

それでは 5 cm² の正方形はどうか？　ヒントは，2 cm², 8 cm² の正方形の作り方だ。格子を斜めに結ぶ作業で成功したので，斜めの線を引くことを考えてみよう。少しアドバイス。

「2 cm², 8 cm² の正方形は斜めの線でできたよね。他の引き方はないかな？」

「斜めの線の引き方」のヒントで，線の引き方を工夫してみよう。2 cm² や 8 cm² の正方形以外の面積でも正方形が描けることに気づいてもらえるとうれし

い。タテ・ヨコ１マスずつ
ではない斜め線を考えると，
5 cm^{2}と 10 cm^{2}の正方形も
斜めの線を工夫すると描く
ことができるのである。

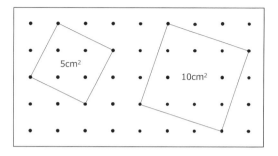

　方眼紙を使うと，1 cm^2
〜10 cm^{2}の正方形のうち，
1 cm^2，　2 cm^2，　4 cm^2，　5
cm^2，8 cm^2，9 cm^2，10 cm^{2}の面積の正方形を作れることがわかった。

ギリギリを求める

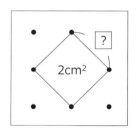

　　　　今度はできた正方形の１辺の長さを考えてみよう。
正方形の面積が 2 cm^{2}とは，１辺の長さを２回掛け
た数が 2 cm^{2}ということだ。数学の世界では，同じ
数を２回掛けることを「２乗する」という。そこで，
２乗すると２になる数を見つけていこう。

　　２乗して２になる数はどうやって見つけたらいい
だろうか。ここでは電卓を使って求める方法を紹介したい。

　「だいたい，いくつくらいになると思いますか？」

　「１と２の間です」

　「どうしてですか？」

　「１辺１cm の正方形の面積は 1 cm^2，１辺２cm の正方形の面積は 4 cm^{2}だか
ら，絶対１と２の間の小数になります」

　「そうですね。では，探していきましょう」

　１を２乗したら１，２を２乗したら４だから，２乗して２になる数は１と２の
間にある小数だ。たとえば，電卓で1.4と1.5を２乗してみよう。1.4 × 1.4
= 1.96，1.5 × 1.5 = 2.25 だから，２乗して２になる数は 1.4 と 1.5 の間，
1.41 × 1.41 = 1.9881，1.42 × 1.42 = 2.0164 だから，この数は 1.41 と 1.42
の間，……というふうに考えると，電卓が表示できるギリギリまで見つけてい
ける。

　ちなみに，「x^2」や「x^y」という機能をもつ関数電卓は便利。「1.414」を入力して「x^2」を押すと一発で答えが出るし，「x^y」のときは「1.414」→「x^y」→「2」で1.414を2乗してくれる。

　この数を求めていくと，小数第何位かわからないが，ちょうど答えが出るだろうか？　それともずっと続くだろうか？　小数点以下の桁数を増やしていき，どんどん求めていこう。小数点以下の桁数が増えていくと，

　「1.4142の2乗は，1.99996164……。惜しい」

　「1.4143の2乗は，2.00024449……。すげー！」

　「もうちょっと！」

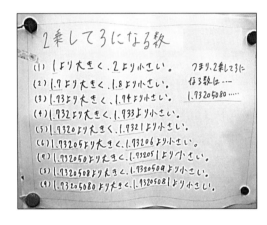

　電卓の桁数の限界まで求めてもちょうど2にはならなかったのではないだろうか。「ぴったりの数」は求められなかったが，2乗して2になる「ギリギリの数を求める」ことをやりとげた。右の写真は，中学生たちが2乗して3になる数を見つけていったのをまとめたものである。

　2乗して2になる数は，書いていくと長くなる。そこで記号を使って $\sqrt{2}$（「ルート2」）と書く。大体の大きさをつかむために，5mまでの2乗して○になる数（$\sqrt{2}$〜$\sqrt{24}$）を記した「ルート・メジャー」を紹介しておこう。

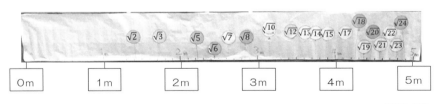

［園田　毅］

2

ナットクの小道具

2-1 リットル・ミリリットルの玉手箱

紙を使って《ます》作り——L・dL・cL・mL

かえでちゃんと健太くんと博士の会話

かえで「リットルやミリリットルは習ったけど，どれくらいの量か覚えてる？」

健太「うん，大きい牛乳パックは1リットルだよ。あとは水の量を学校で測ったけど，よく覚えていないなあ」

博士「じゃあ，紙を折っていろいろな単位の《ます》を作ろう。そうすれば大きさがわかるだろう」

かえで，健太「ええ？　紙を折って作れるの？　すご～い！」

博士「まず新聞紙1ページでリットルますを作ってみよう（作り方は次ページ）。2ページを重ねて1ページ分として折るとしっかりするよ」

かえで「できたわ！　測ってみよう。タテ・横・高さは10 cmになっているわ！　10 cm × 10 cm × 10 cmで1000 cm³だ！」

健太「本当だ。もう少し小さい単位でデシリットルもあったけど，それも作れるのかなあ？」

博士「教科書と同じ大きさ（B5）の紙で1デシリットルますが作れるよ。B5の紙を2回半分に切るとB7の紙になる。このB7の紙では1センチリットル，B7紙をさらに2回半分に切ってB9の大きさの紙では1ミリリットルの《ます》が作れるよ」

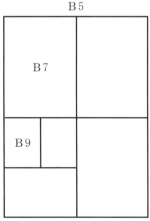

作り方

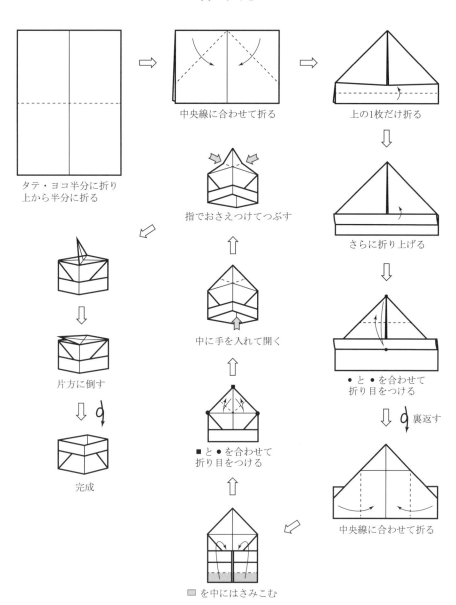

タテ・ヨコ半分に折り
上から半分に折る

中央線に合わせて折る

上の1枚だけ折る

さらに折り上げる

● と ● を合わせて
折り目をつける

裏返す

中央線に合わせて折る

■ を中にはさみこむ

■ と ● を合わせて
折り目をつける

中に手を入れて開く

指でおさえつけてつぶす

片方に倒す

完成

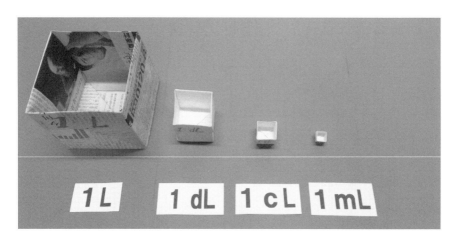

紙の大きさ	ますの種類	体積
新聞紙1ページ	リットル	1000 cm³
B5	デシリットル	100 cm³
B7	センチリットル	10 cm³
B9	ミリリットル	1 cm³

かえで「1ミリリットルは，わあ，小さい！」

健太「これでそれぞれ大きさがわかったね」

博士「ますの形は立方体といって，タテ・ヨコ・高さが全部同じ長さになって
いるよ。1 cm³のタイルを入れてみると，いくつ入ったかで体積がわかる。立
方体は，小さいものはサイコロから，大きいものでは段ボールの箱まであるか
ら，これからは箱の体積も少し予測ができるようになったかな」

[松田秀子]

2-2 ダイヤル数をさがせ

不思議な数 142857

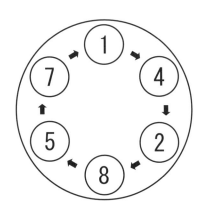

「142857」に 1, 2, 3, 4, 5, 6 を乗じてみよう。

$$142857 \times 1 = 142857$$
$$142857 \times 2 = 285714$$
$$142857 \times 3 = 428571$$
$$142857 \times 4 = 571428$$
$$142857 \times 5 = 714285$$
$$142857 \times 6 = 857142$$

1～6をかけた積も，1, 4, 2, 8, 5, 7 の並び方は変わらず，ぐるぐる回っている。これを**ダイヤル数**という。

では，7を掛けるとどうなるだろう？

$$142857 \times 7 = \boxed{}$$

電卓で計算すると，999 999 となり，ダイヤル数にはならない。

どうして？

$1 \div 7$ を計算すると $1 \div 7 = 0.142857\ 142857\ \cdots\cdots$ とダイヤル数をくり返してどこまでも続く。こんな数を**循環小数**（循環節6桁）という。

筆算で計算してみる。

$$
\begin{array}{r}
0.1\ 4\ 2\ 8\ 5\ 7\ \cdots\cdots \\
7\ \overline{)\ ①.0 \quad\quad\quad あまり\ 1} \\
\underline{7} \\
③\ 0 \quad\quad あまり\ 3 \\
\underline{2\ 8} \\
②\ 0 \quad\quad あまり\ 2 \\
\underline{1\ 4} \\
⑥\ 0 \quad\quad あまり\ 6 \\
\underline{5\ 6} \\
④\ 0 \quad\quad あまり\ 4 \\
\underline{3\ 5} \\
⑤\ 0 \quad\quad あまり\ 5 \\
\underline{4\ 9} \\
① \quad\quad （あまり\ 1）
\end{array}
$$

あまりが $1, 3, 2, 6, 4, 5$ をくり返すので，商も $1, 4, 2, 8, 5, 7$ をくり返すことになる。

$0.142857\cdots\cdots \left(= \dfrac{1}{7}\right)$ を分数で表すと，

$$100\,万 \times \frac{1}{7} - \frac{1}{7} = 999999 \times \frac{1}{7} = 142857$$

より，

$$\frac{1}{7} = \frac{142857}{999999}$$

となる。だから，$142857 \times 7 = 999999$ になるのだ。

また，前出の掛け算の積を使うと

$$\frac{2}{7} = \frac{285714}{999999}, \quad \frac{3}{7} = \frac{428571}{999999}, \quad \cdots\cdots, \quad \frac{6}{7} = \frac{857142}{999999}$$

である。任意の2つのダイヤル数の差，たとえば「$857142 - 571428$」は，

$$\frac{6}{7} - \frac{4}{7} = \frac{2}{7}$$

を使うと，285714 であることが瞬時に分かる。

次に，ダイヤル数を図のように任意の
場所で2つに切断してみる。「142」と
「857」の和は999になるように，どこで
2つに分けても2つの3位数の和は999
になる。

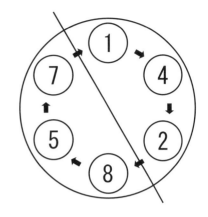

他にダイヤル数はないだろうか。

1÷7が循環節6桁の循環小数なのは，
÷7をしたときのあまりが1, 2, 3, 4, 5, 6
であるからだ。1÷nを計算して，循環
節がn−1桁で，あまりが1〜n−1が1個ずつになるものをさがせばいい。

筆算で計算するのはめんどうなので，計算ソフト（たとえば，ネットで使え
るWolframAlpha）で計算すると，1÷17, 1÷19, 1÷23, 1÷29, 1÷47,
……などの循環節がダイヤル数といえそうだ。

1÷17を筆算で計算してみると，あまりが10, 15, 14, 4, 6, ……, 12, 1となっ
て，1〜16の数を1回ずつくり返す。

ダイヤル数「0588235294117647」に×1〜×16と掛けてもダイヤル数になる。

$$\frac{1}{17} = \frac{0588235294117647}{9999999999999999}$$

になるので，2つのダイヤル数の差も$\frac{1}{7}$と同様にダイヤル数になる。

任意の場所で切断した8桁の数字の和は，どれも99999999になる。

[米田恵子]

1. まずは，実物

2. これを，どう使うか

これを，紙芝居形式で行い，子どもたちの心をひきつける。

紙芝居風なので，台紙は B4 版厚紙くらい大きいほうがいい。

3. 仕掛けと作り方

　裏を見るとなるほどと納得。ネタを仕掛けておくのだ。

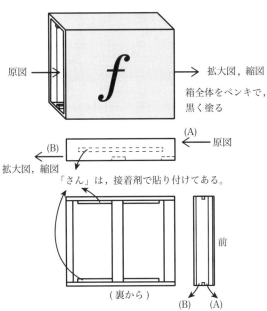

○　Ｂの部分にあらかじめ，出口から取り出す用紙を入れておく。

○　Ａから，入力の紙を入れる。

○　該当する紙をＢから抜き出す。

4. ネズミが何匹

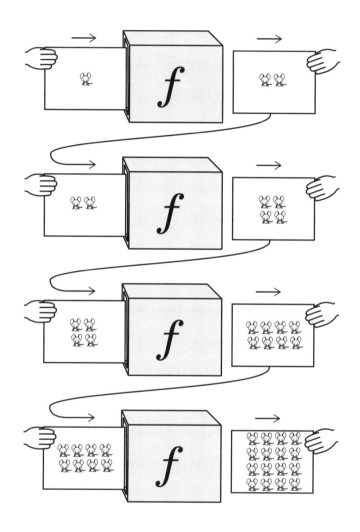

子どもたちに描いてもらうと，感心する発想で名作が作られるはずだ。

[藤崎真一]

関数はブラック・ボックスだ

関数あてゲーム

　泉と保は，今日もフリー・スペースで，講師の勝と数学の話を楽しんでいる。

勝「いろいろな自動販売機がありますね。共通することは何でしょうか？」

泉「お金を入れると，欲しいものが出てきます」

勝「そうですね。つまり入口と出口がある箱ですね。中がどうなっているか分かりません。でもその働きは分かりますね。これをブラック・ボックスといいます」

保「飛行機事故でよくいわれているあれでしょ？」

勝「そうです。じつは私が作ったブラック・ボックスがあるんだ。これで働き当てゲームをしましょう。《草を入れたら牛乳》が出てきました。この働きは？」

保「《牛》でしょ」

勝「では《足を入れたら足》が出てきました」

泉「この働きは？　難しいわね。分かった，《ズボン》ね」

勝「《さるがザルに》《フタが豚に》《金が銀に》《タイヤがダイヤに》《母が婆に》《父が爺に》。これらに共通する働きは？」

保「簡単さ。《濁点にする》」

勝「では，誰か問題を作ってみてごらん」

保「《鹿が菓子に》《板がたいに》《貝がイカに》

なら《りす》は何になるかな？」

泉「簡単よ。《すり》でしょ。働きは《ひっくり返す》」

勝「今度は入力と出力を数にします。このときの働きを関数といいます。

　　1を入れたら3が出ました。

　　2を入れたら6が出ました。

　　3を入れたら何が出るかな？」

泉「9でしょ。働きは《3倍する》です」

勝「では次です。

　　1を入れたら −2が出ました。

　　2を入れたら −4が出ました。

　　3を入れたら何が出るかな？」

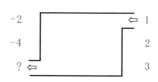

保「−6でしょ。働きは《−2倍する》です」

勝「では次です。

　　0を入れたら1が出ました。

　　1を入れたら4が出ました。

　　2を入れたら何が出るかな？」

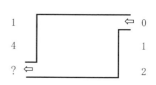

泉「これだけでは分からないわ」

勝「では，2を入れたら7が出ました。3を入れたら何が出ますか？」

泉「これなら分かるわ。10でしょ。出る数が3ずつ増えているよ」

勝「では，最後の問題です。

　　1を入れたら1が出ました。

　　2を入れたら2が出ました。

　　3を入れたら3が出ました。

　　では，4を入れたら何が出るかな？」

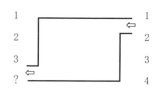

保「簡単さ。4でしょ。働きは《同じ数が出る》です」

勝「では，入れてみるよ。残念でした。5が出てきましたよ。では，5を入れてみますね。8です。6を入れたら何が出ますか？」

泉「難しくて分からないわ」

勝「では，入れてみるよ。13が出てきました。少し難しいね。後で，じっくり考えてみてください。

　さて，最後の2つは，突然100を入れたら何になるかと聞かれたら大変です。2つ前の問題で出てくる数を直接求められる働きはないかな？」

保「こうすればいいんじゃない？　出力を1引くと右のようになるから，入力を3倍して1を足せばいいよ」

入力	➡	出力
0	➡	$1 - 1 = 0$
1	➡	$4 - 1 = 3$
2	➡	$7 - 1 = 6$
3	➡	$10 - 1 = 9$

勝「すばらしいね。入力の数をx，出力の数をyとすると，

$$y = 3x + 1$$

これを**1次関数**っていうんだ。

　では，1次関数当てゲームをしよう。

　出題者は1次関数を考えます。何倍かしていくつかを足すや引くです。解答者は入力する数をいい，出力する数を聞きます。さらに入力する数をいい，出力を聞きます。それを繰り返し，分かった時点で答えをいいます」

泉「では1を入れたら何？」　保「2です」
泉「では2を入れたら何？」　保「7です」
泉「では3を入れたら何？」　保「12です」
泉「分かったわ。5ずつ増えるから5倍。

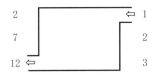

　1は5倍すると5，これから3引けばいいから，$y = 5x - 3$でしょ」

保「では1を入れたら何？」　泉「5です」
保「では2を入れたら何？」　泉「2です」
保「では3を入れたら何？」　泉「−1です」
泉「分かったぞ。3ずつ減るから−3倍。

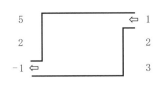

　1は−3倍すると−3，これに8足せばいいから，$y = -3x + 8$でしょ」

勝「その調子。さて，今入力を3つ聞いたけど，1次関数は2つ聞けば分かるのだが，どんな数を聞けば分かるかな？」

保「上の表を見れば分かったぞ。0と1ですね」

泉「なるほど，そうね。たとえば$y = 4x + 1$なら0は1，1は5。4増えていて0は1だから，$y = 4x + 1$ね」

勝「その通り。1次関数$y = ax + b$のaは変化の割合，bは初期値というんだ」

［三川一夫］

2-5 「速さ」で遊ぶ

1．電卓連打競争

キーを連打する速さを競
うゲームを 2 つ紹介する。

[5 秒間競争]

＊何人でも可。「始め！」
「止め！」の合図を出す人
を 1 人決めておく。

① $2 \rightarrow + \rightarrow +$ の順
にキーを押して待つ。

② 「始め！」の合図で $=$ キーを連打する。

③ （10 秒たったら）「止め！」の合図で手を止める。

〈順位〉表示された数の大きい順に 1 位，2 位，……。

[1000 まで競争]

＊何人でも可。「始め！」の合図を出す人を 1 人決めておく。

① $9 \rightarrow + \rightarrow +$ の順にキーを押して待つ。

② 「始め！」の合図で $=$ キーを連打する。

③ 1000 を越したら，「ゴール！」と叫ぶ。

〈順位〉「ゴール！」と叫んだ順に 1 位，2 位，……。

[おまけ]

「1000 まで競争」の ① を，$9 \rightarrow \times \rightarrow \times$ にしてやってみよう。

2．プラレールで「速さ」を数値化する

電池で動くおもちゃ「プラレール」はすぐに等速になる。しかもレールがあ

るので，移動した長さの跡が目に見える。さらに，種類によって速さが違う。車両を増やせば速さも変わる。速さを変える機能のあるプラレールも発売されている。だから，速さを数値化するには便利なおもちゃだ。

　ストップウォッチを用意する。A車は200 cmを何秒で走るかを測定する。B車は5秒間で何cm走るかを調べてみよう。

　ここでは，どちらもそれぞれ等速で動いていることが重要。等速だから，距離をどんなに長くしても短くしても，時間を長くしても短くしても，「速さ」は変わらない。

　速さの単位は「km/時」だ。これは「1時間あたりに進む距離」である。プラレールの場合は「cm/秒」になる。「1秒間あたりに進む距離」だ。

　ところで，「合わせた量がわかる」のは足し算，「残りや違いがわかる」のは引き算であり，「1あたり量がわかる」のは割り算だった。速さは割り算を使って数値化するのだ。

　A車は200 cmを12.4秒で走ったとする。するとその速さは，「1秒間あたりの距離」を求め，200 cm ÷ 12.4秒 ≒ 16.13 cm/秒 と表せる。

　ここで問題。

> 　5秒間で115 cm走ったB車の速さを数で表しましょう。

　〈答え〉　速度は「1秒間あたりに進む距離」で数値化するのだった。だから割り算だ。距離÷時間で「cm/秒」を求めてみよう。115 cm ÷ 5秒＝23 cm/秒。これがB車の速さだ。

3. 本当の「世界最速の男」は誰？

「世界最速の男」といえば，「100 m 走」世界記録保持者のウサイン・ボルトといわれている。

はたして本当にボルトが世界最速の男なのだろうか。

ボルトは 100 m を 9 秒 58 で走ったにすぎない。この速さは，100 m ÷ 9.58 秒 ≒ 10.44 m/ 秒。時速にすると，10.44 m/ 秒 × 60 × 60 ≒ 37.58 km/ 時。

一方，日本の桐生選手のトップ・スピードは 11.67 m/ 秒。時速に直すとおよそ 42.01 km/ 時である。ボルトの 100 m の平均速度より速い。

今や，スピードガンのように動くものの速さを瞬時に測定する器具のある時代である。「世界最速」の称号は，たとえ一瞬でもよいから最速の速さを出した人に与えるべきだろう。

ここに，ベルリン世界陸上（2009 年）のボルトの 10 m ごとの速さを測った結果と，それをグラフに表したものがある。

距離 (m)	10	20	30	40	50	60	70	80	90	100
速さ (m/s)	5.92	10.10	11.11	11.63	12.05	12.20	12.35	12.20	12.05	12.05

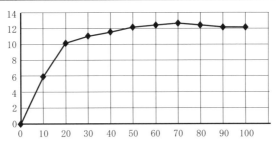

ボルトが 70 m 地点で出した 12.35 m/ 秒は，時速に直すと，なんと，44.46 km/ 時だ。やはり「世界最速の男」はボルトで間違いないようだ。

[岩村繁夫]

2-6　マラソン選手ってすごい！

走りを比例の眼鏡で見る

　　ケンタ君の家族はスポーツが大好きだ。今日もテレビの前で，マラソン中継を見ている。アナウンサーが叫んでいる。

　　「高橋選手，マラソン・ゲートをくぐりました。まもなくゴールです」

　　お父さんも大きな声を出している。

　　「いけー，高橋ー！」

　　やがてアナウンサーが再び叫んだ。

　　「高橋選手，1位でゴール。タイムは，なんと2時間19分46秒。世界最高記録です！」

　　これは2001年のベルリン・マラソン。このとき高橋尚子選手は，女子選手として，世界で初めて2時間20分を切った。

　　僕はいった。

　　「マラソン選手って，42.195 km も走るんでしょ。すごいよね。最後なんか，きっと疲れて足が動かなくなってるんじゃないかな」

　　すると父はいった。

　　「確かにね。しかしマラソン選手は，その距離を最後までスピードを落とさず走れるように練習してるんだよ」

　　僕は，最近学校の体育でやった持久走の授業を思い出した。校庭を10周するのだが，最初は調子よく走れても，最後はヘロヘロになってしまう。そこで次のときは，最初ゆっくり走ってみたが，最後の1周になってもまだ体力が余っていて，そこだけダッシュで駆け抜けることになってしまった。先生は

　　「いつも同じペースで走ると，結局タイムは上がるよ」

というが，そんなこととても無理だ。そんな話をしていると，お父さんがいった。

　　「それなら，高橋選手の5 km ごとのラップ・タイムを見てみようか。時間，

分，秒が混ざっていると分かりづらいので，かかった時刻を全部《分》で表してみたよ」

0 km	0 分	0 分
5 km	16 分 46 秒	16.8 分
10 km	33 分 11 秒	33.2 分
15 km	49 分 32 秒	49.5 分
20 km	1 時間 6 分 12 秒	66.2 分
25 km	1 時間 22 分 29 秒	82.5 分
30 km	1 時間 39 分 5 秒	99.1 分
35 km	1 時間 55 分 30 秒	115.5 分
40 km	2 時間 12 分 11 秒	132.2 分
42.195 km	2 時間 19 分 46 秒	139.8 分

［ウィキペディア「高橋尚子」より］

「うーん，これだけ見ても，何かよくわからないなあ」
と僕がいうと，お父さんは
「では，かかった時間を距離で割ってみよう」
といって，時間の後に次の数字を付け加えた。

			時間÷距離
0 km	0 分	0 分	
5 km	16 分 46 秒	16.8 分	3.36
10 km	33 分 11 秒	33.2 分	3.28
15 km	49 分 32 秒	49.5 分	3.26
20 km	1 時間 6 分 12 秒	66.2 分	3.34
25 km	1 時間 22 分 29 秒	82.5 分	3.26
30 km	1 時間 39 分 5 秒	99.1 分	3.32
35 km	1 時間 55 分 30 秒	115.5 分	3.28
40 km	2 時間 12 分 11 秒	132.2 分	3.34
42.195 km	2 時間 19 分 46 秒	139.8 分	3.46

僕は数字を見て驚いていった。
「すごくそろってるね。小数第 1 位までほぼ同じだ」

　お父さんは，その後，距離とかかった時間を，折れ線グラフにしてくれた。グラフは次のようになった。

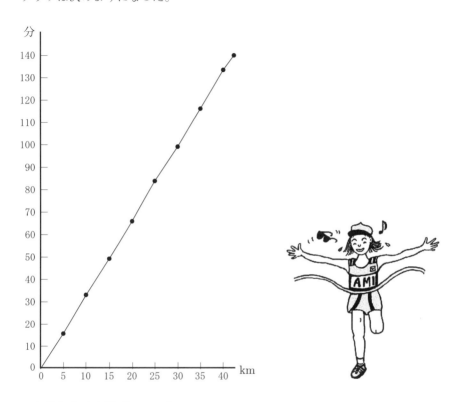

　お父さんは自慢げにいった。
　「ほとんどまっすぐだろ？　そうやって走れるように鍛えているんだね。こういうのを，マラソン選手の走る距離と時間は《比例している》っていうのさ」
　ずっと話を聞いていたお母さんが，
　「お父さんも少し鍛えなおしたほうがいいかもね。マラソン選手みたいに」
というと，お父さんは静かにテレビの前を離れていった。
　ちなみに，このレースでの高橋選手の平均速度は，
　　　　42.195（km）÷ 2 時間 19 分 46 秒 ≒ 18.1（km/時）
この速さは全力でママチャリをこいだときのスピード，スゴイという他はない。

［秋田敏文］

2-7 《田の字》で代数

展開は畑の面積

【問題】

家庭菜園で野菜作りを楽しんでいる。

長方形の畑で，4つの区画に区切って，それぞれ別の野菜を作っている。それぞれの野菜が作られている畑の面積を求めよ。

また，畑全体の面積を求めよ。

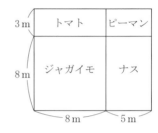

[答え]

$$(長方形の面積) = (たて) \times (よこ),$$

ジャガイモ：$8 \times 8 = 64$（m^2），トマト：$3 \times 8 = 24$（m^2），

ナス：$8 \times 5 = 40$（m^2），ピーマン：$3 \times 5 = 15$（m^2），

全体の面積：$(8+3) \times (8+5) = 64+24+40+15 = 143$（m^2）。

この畑の図を《田の字》に置き換えてみる。「直積表」という。

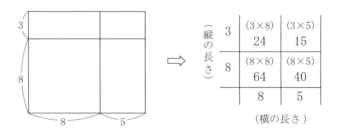

《田の字》は，(長方形の面積) = (たて) × (よこ) の考えを使って，式を長方形に置き換え，具体的に目で見えるようにすることで処理を容易にしている。

展開公式：　$(a+b)(c+d) = ac+ad+bc+bd$

を《田の字》（直積表）に表すと次のようになる。

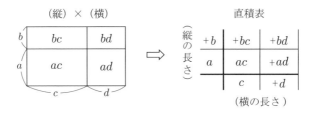

$(x+2)(3x+1)$ のような多項式と多項式の乗法は，直積表を用いると

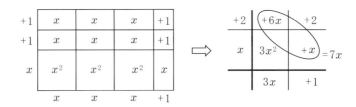

この図から $(x+2)(3x+1) = 3x^2+7x+2$ と展開できることが分かる。

　これを負の数まで広げてみよう。

　面積に負の数というと不安を感じるが，具体的な数を使って《田の字》で考えてみる。

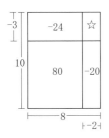

　たとえば $(10-3)\times(8-2)$ は，縦10横8の長方形から，縦10横2の長方形と縦3横8の長方形を切り取ると考えた場合，☆の部分が2重に切り取られることになる。☆の部分は $(-2)\times(-3) = +6$ だから，これを回復しておかなければならない。

$$(10-3)\times(8-2) = 10\times8-10\times2-3\times8+6$$
$$= 80-20-24+6=42$$

となり，$7\times6 = 42$ と一致する。《田の字》を使って展開できることが分かる。

　また，分配法則を使って，$(a+1)(a-b+2)$ のような式の展開をするとき，どこまで計算したかが分からなくなることがあったりするが，《田の字》を使うとその不安も解消し，同類項があることも分かるので処理しやすい。

$$(a+1)(a-b+2)$$
$$= a^2-ab+2a+a-b+2$$
$$= a^2-ab+3a-b+2$$

+1	(+a)	−b	+2	
a	a^2	−ab	(+2a)	=3a
	a	−b	+2	

因数分解は畑の周り

《田の字》は因数分解でも力を発揮する。

まず，x^2，x，1をタイル（**面積タイル**という）にしたものを用意し，この面積タイルを並べて長方形を作ることから始める。

たとえば，x^2+3x+2 を因数分解してみよう。タイルを並べてみる。

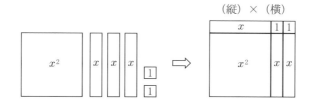

x^2+3x+2 のタイルが $(x+1)\times(x+2)$ の長方形に並べられることが確認できるから，$x^2+3x+2 = (x+1)(x+2)$ と因数分解できることが分かる。

これを《田の字》で考えてみる。

x^2 になるためには，縦・横の長さともに x になる。+2 の場所は，x^2 と共通因数をもたないので x^2 の斜め上の位置にくる。掛けて +2 になるには +2 と +1 か，−2 と −1 かのどちらかになる。しかし，+3x にならなければならないので，+2 と +1 の組であることが分かる。

+1		+2	
x	x^2		
	x	+2	

⇒

+1	(+x)	+2	
x	x^2	(+2x)	=+3x （OK）
	x	+2	

このように《田の字》（直積表）は公式を覚えることに労力を割くことなく，式の展開や因数分解を容易にしてくれる方法である。

箱の中の数は何だ？

方程式のゲーム

[登場人物]　すうらく先生（いつも楽しい数学の話をしてくれるおじさん）

　　　　　　まっすん（数学は苦手だけれど，ひらめきは抜群の中学２年生）

　　　　　　すーこ（数学が得意で，話をまとめるのが上手な中学２年生）

　まっすんとすーこはおじさんを "すうらく先生" と呼んでいる。今日も３人が顔を合わせた。

すうらく「白い箱と赤い箱を用意しました。さぁ，この問題を見てごらん。

$$\square + \blacksquare = 8 \qquad \cdots\cdots ①$$

$$\square + \blacksquare\,\blacksquare\,\blacksquare = 18 \quad \cdots\cdots ②$$

　白い箱の中に，ある数が入っています。そして，赤い箱の中にも，それとはちがう数が入っています。同じ色の箱の中の数は同じです。

　白い箱と赤い箱の数を合わせると８。白い箱と赤い箱３つの数を合わせると，18。白い箱，赤い箱に入っているそれぞれの数がわかるかな？」

まっすん「ひらめいたぞ！　白い箱 $\square$ には６が，赤い箱 $\blacksquare$ には２が入っているんだ。

$$\square + \blacksquare = 8 \qquad \cdots ① \;\Rightarrow\; \square = 6 ,\; \blacksquare = 2 \;\Rightarrow\; 6+2=8$$

$$\square + \blacksquare\,\blacksquare = 18 \;\cdots ② \;\Rightarrow\; \square = 6 ,\; \blacksquare = 2 \;\Rightarrow\; 6+3\times2=18$$

これで，大丈夫だね。簡単。簡単」

すーこ「あ，$6+3\times2$ は 18 にならないよ。$\square$ が 6，$\blacksquare$ が 2 はまちがっているわ」

すうらく「いいところに気付きましたね。２つの条件にあてはまるように考えないといけないんだね」

まっすん「そうか。6と2ではなくて，7と1でも合わせて8になるし，8と0でも合わせて8になるよなぁ」

すーこ「とにかく，合わせて8になる数の組み合わせを考えてみましょうよ」

▢	+	▨	=	8		▢	+	▨▨▨	=	18	
0	+	8	=	8	→	0	+	3×8	=	24	…… ①
1	+	7	=	8	→	1	+	3×7	=	22	…… ②
2	+	6	=	8	→	2	+	3×6	=	20	…… ③
3	+	5	=	8	→	3	+	3×5	=	18	…… ④
4	+	4	=	8	→	4	+	3×4	=	16	…… ⑤
5	+	3	=	8	→	5	+	3×3	=	14	…… ⑥
6	+	2	=	8	→	6	+	3×2	=	12	…… ⑦
7	+	1	=	8	→	7	+	3×1	=	10	…… ⑧
8	+	0	=	8	→	8	+	3×0	=	8	…… ⑨

まっすん「わかった！ ④のときだけだ‼ ▢=3，▨=5 当たった！ まず，① ▢+▨＝8 から，合わせて8になる数の組み合わせを考えて……」

すーこ「次に，②の条件から▢+▨▨▨が18になる数の組み合わせを考えていくと，④の組み合わせだけが答えになるわね。この考え方は今までに勉強した"方程式"の考え方に似ている気がするわ」

すうらく「じつはこの問題は"方程式"の問題だったんですよ。白い箱に入っている数をxで表し，赤い箱に入っている数をyで表します。この文字xやyを"未知数"といいます。

　右下のように方程式が2つ並んだものを"連立方程式"といいます」

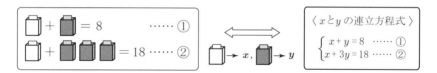

まっすん「なるほど，この問題は連立方程式の問題だったんだ。だけど，いちいち表をつくって解くのは面倒だな〜。何かいい方法はないのかな」

　赤い箱2つ 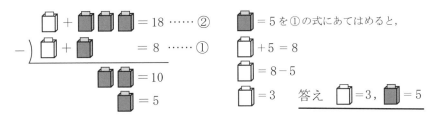 で 10 になっているから，1つ分 は5だね。

すーこ「すごいね！　こんな考えもできるわ。② の式から ① の式を引いてみるね」

まっすん「もっといろんな問題をやってみたい！」

すうらく「では，これはどうかな？」

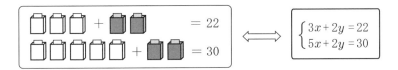

まっすん「ひょえ〜。箱がたくさん増えたよ。上の式と下の式を比べると，白い箱が2つ増えていて，それで 22 から 30 に増えているな。 = 8 かな」

すーこ「私は，連立方程式を使って解いてみるわ。下の式から上の式を引くね。

$$\begin{array}{r}5x+2y=30\\-)\ 3x+2y=22\\\hline 2x=8\\x=4\end{array}$$

$x=4$ を上の式に代入して

$3\times4+2y=22$

$2y=22-12$

$y=5$　　答え　$x=4,\ y=5$

　未知数が箱の中に入っていると考えたら，よくわかるということね」

[北川智明]

「私はあなたの計算結果を当てることができます。
ちょっとやってみましょう。準備はいいですか」

「まず，1つの数（自然数）を思ってください。何
桁の数でもいいです」

　　　（184を考えたとします）

「それより1だけ大きい数をそれに加えてください」

　　　（184 + 185を計算する。369になる）

「その結果に9を加えてください」

　　　（369 + 9 ＝ 378）

「今度は，それを2で割ってください」

　　　（378 ÷ 2 ＝ 189）

「最後です。その結果から初めに思った数を引いて
ください。答えはいわないでください」

　　　（189 − 184で，結果は5です）

「はい，あなたの結果は5ですね。えっ，あなたも
5で君も5，なんと全員の結果が5になっています」

これで「すごい！　なんで，なんで？」とにぎやか
になること，間違いない。

ところでこの結果は，最初に考えた数が全員同じだ
ったからだろうか。いや，そんなことは考えられない。
みんな異なる数を思ったに違いないのだ。

では，どうしてこの結果になったのだろうか。その理由を考えることが楽し
いのである。

① a
　　$a+1$
② $a+(a+1)$
　　$=2a+1$
③ $(2a+1)+9$
　　$=2a+10$
④ $\dfrac{2a+10}{2}$
　　$=a+5$
⑤ $(a+5)-a$
　　$=5$

いくつかの具体的な数で考えて，その理由を予想することもできるが，数は無数にあるので，すべての場合について当てはまるかどうかを調べることはできない。そんなときは文字や式を利用する。この数あてを文字や式を使って考えると（前ページ），計算の結果，最後は5だけになる。だから，最初に考えた数 a にどんな数を当てはめても最後の結果は5になることが分かる。

分からない数を○や□，△などを使って表し，それに当てはまる数を見つけたりする。この○，□，△の代わりに a, b, x, y といった文字を使う。

「数とか量の関係が出てくる問題を解くには，その問題を自国の言語から，量の間の関係を表すのに適した数学の言葉に翻訳することだけが必要なのである」

これは万有引力の発見で有名なニュートンの言葉である。文字や記号は，「数学」の世界で通用する言語で，式は文章ということができる。

$2a+3b, x \times y \times 7 = 7xy$ など，「なんなのよ。アルファベットの計算は」といいたくなるが，文字や式を利用すると，簡潔に表すことができ，考える道筋や全体のしくみが明確になったりする。

ニュートン（1642-1727）

文字を使った表記の仕方や計算の規則を知って，「なぜ？」を解決しよう。

【問題】　次の数あてのしくみとその理由を説明してください。
  (1)　1つの数を考えてください。
  (2)　その数より1だけ大きい数をそれに加えてください。
  (3)　その結果に，1つ好きな数を加えてください。（どんな数でもよい）
  (4)　今度は，それを2で割ってください。
  (5)　最後です。その結果から最初に考えた数を引いてください。
「答えはいわないでください」
「1つだけ教えてください。あなたが途中（3）で加えた数は何ですか？」
　　　（たとえば，「18です」という返事だったとします）
「では，あなたの計算の結果は9.5ですね」

68

（「当たり」です！）

【解答】 途中で加えた数に1を足して，その数を2で割った数が最後の結果になる。

［文字を利用した説明］

(1) 1つの数を考える ： a

その数より1大きい数 ： $a+1$

(2) 2つの数を足す ： $a+(a+1)=2a+1$

(3) その和に m を足す ： $(2a+1)+m=2a+(m+1)$

(4) その数を2で割る ： $\dfrac{2a+(m+1)}{2}=\dfrac{2a}{2}+\dfrac{(m+1)}{2}=a+\dfrac{m+1}{2}$

(5) その結果から最初の数を引く： $\left(a+\dfrac{m+1}{2}\right)-a=\dfrac{m+1}{2}$

こうした数あての問題は他にもいろいろ紹介されている。また，誕生日を当てたりする数あても作ることができる。挑戦してみてください。

これで，あなたもマジシャンです。

*

数の代わりに文字を使い，その間の計算を考え，文字計算の基礎を気付いたのはヴィエタ（1540-1603，フランス）で，「代数学の父」と呼ばれている。その後，デカルト（1596-1650，フランス）がアルファベットの文字で既知量や未知量を表した。この用法が今日でも慣用となっている。

$1+2=2+1$，$2\times3=3\times2$ は個別の数の性質を表しているが，$a+b=b+a$，$ab=ba$ と表現することにより，数のもつ一般的な法則（交換法則）の表現になる。また，この表現は記憶しやすいということもできる。数学では，文字は欠くことのできない言語である。

［市橋公生］

【問題1】　右図のように，天びんがつり合っている。左にはキャラメルの箱が3箱とキャラメルが2個，右にはキャラメルの箱が1箱とキャラメルが10個載っている。どのキャラメルの箱にも同じ個数のキャラメルが入っているとしたら，箱1つにキャラメルはいくつ入っていることになるだろうか？　なお，箱の重さはないものとする。

生徒　「え？　これだけの情報で，箱の中のキャラメルの個数がわかるの？」
先生　「そう，天びんの特長を思い出してごらん。『天びんがつり合う』ってどういう状態のことをいうのかな？」
生徒　「天びんは，両方の重さが一緒のときにつり合うんだよね」
先生　「そうそう。たとえば，図1のようなとき，天びんはつり合っているよね。図1の天びんの左側に，3個だけキャラメルを追加するとどうなるかな？」
生徒　「つり合った状態で片方にだけ追加したんだから，当然左側に傾くはず」
先生　「よし，じゃあやって見せるよ」（図2のように，天びんが傾く）

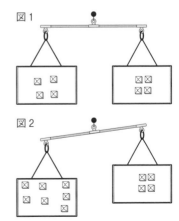

図1

図2

70

生徒 「やった！　予想通りだ」

先生 「じゃあ，図2の状態の天びんをまたつり合う状態にするには，どうしたらいいか，わかるかな？」

生徒 「簡単だよ。元々のつり合っていた状態に戻せばいいから，左から3個取れば図1の状態に戻るので，天びんはつり合うよ」

先生 「あ，それも間違ってないんだけど，図1の状態に戻さずに天びんを釣り合わせる方法があるよ。考えてごらん」

生徒 「そうか，右側にも同じことをすればいいのか。つまり，右側にも左側と同じようにキャラメルを3個追加すればいいんだ」
（図3）

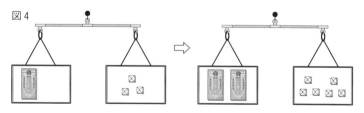

図3

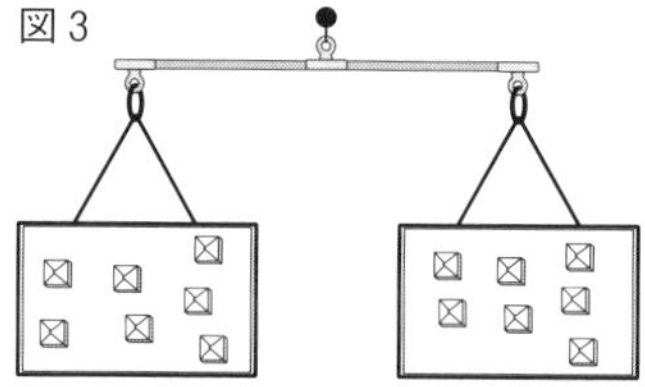

先生 「そうそう。じつは，君が最初に出したアイデアも間違ってはいない。ただ，今回はつり合っている天びんの両方に同じものを加えても，天びんはつり合うってことなんだ。反対に，つり合っている天びんの両方から同じ分だけ取り除いても，天びんがつり合うということもいえるね。他にも，つり合っている天びんに対して何か操作をしても，再びつり合う状態をつくることができるよ。わかるかな？」

生徒 「つり合った状態の天びんの両方に同じ量を付け足したり，同じ量だけ取り除いたりしても，また天びんがつり合ったということは，……わかった！同じ数を掛けたり，同じ数で割ったりしても，天びんはまたつり合うんじゃないかな？」

先生 「よく気がついたね。では，写真で確認してみよう。図4は，つり合っている天びんの両側を2倍しても，天びんはつりあったままであることがわかるね」

図4

先生 「また図5は，つり合った天びんの両側を2で割っても（半分にしても），天びんはまたつり合うということを表しているね」

図 5

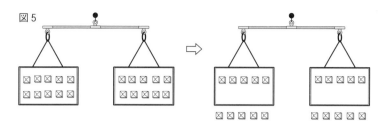

生徒 「先生！　さっきの最初の問題の解決方法が浮かびました！　次のよう
に考えてみました」

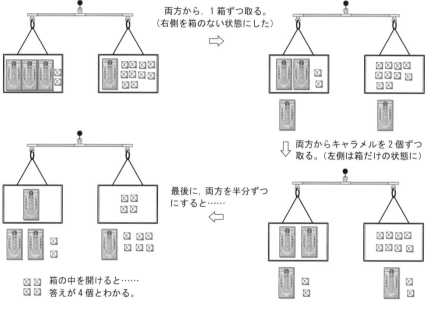

両方から，1 箱ずつ取る。
（右側を箱のない状態にした）

両方からキャラメルを 2 個ずつ
取る。（左側は箱だけの状態に）

最後に，両方を半分ずつ
にすると……

☒☒　箱の中を開けると……
☒☒　答えが 4 個とわかる。

先生 「これらは『等式の性質』といっ
て，方程式を解くための大切なポイント
になるんだよ。では，最後にもう一問」

【問題2】　右図のように天びんがつり
合うとき，箱の中にキャラメルは何個
ずつ入っていると考えられますか？（解答は 283 ページ）

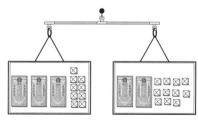

[木下智玄]

2-11 木に登らずにその高さを測れるか？

角知り器を作って，相似で考える

　ある公園には樹齢800年といわれる大イチョウがある。そのイチョウの木の下で2人の中学生が何か話をしている。

ハナコ「あのイチョウの高さはどれくらいかな？」

タロウ「ボクが登って確かめようか」

ハナコ「ダメダメ，数学の時間に習ったことが使えないかな」

タロウ「すっかり忘れてしまったよ」

ハナコ「やり方を忘れても，自分で最初から考えれば絶対に解くことができると先生がいってたね。私，図を描いてみるね」

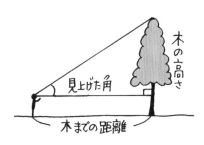

　ハナコは，カバンの中からノートを取り出し，右図を描いた。

ハナコ「この見上げている人がタロウ君よ」

タロウ「ハナコさん上手だね。でも図のどの部分を測ったらいいのかなあ」

ハナコ「タロウ君からイチョウの木までの距離と，タロウ君がイチョウの木の頂点を見上げたときの角は，測れそうじゃない？」

タロウ「イチョウの木までの距離は歩幅を使って測ることはできるけれど，角の大きさを測るのは難しいな。ハナコさん何か持ってない？」

ハナコ「ちょっと待って，これ使えないかな」

　ハナコはカバンの中から三角定規を取り出した。
タロウは2枚の三角定規をいじりながら考えている。

タロウ「ボクひらめいたよ。この定規を使えばいいんだ」

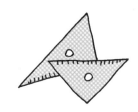

　タロウは，直角二等辺三角形の定規を使うという。

この定規の 45° を利用すればいいというのだ。

ハナコ「ちょっと，見上げる角は 45° とはかぎりません」

タロウ「そこだよ，見上げる角が 45° の地点を探せばいいんだよ。あとは……」

ハナコ「わかった，木までの距離を測れば，それが木の高さになるんだ。タロウ君スゴーイ！」

　タロウは直角二等辺三角形の定規を目の前に水平に置きながら，イチョウの木を見上げる角が 45° の地点を選んだ。

タロウ「ボクの歩幅は約 75 cm だよ。この前の部活で調べたんだ」

ハナコ「イチョウの木までの距離を測りましょう。立っているところから，イチョウの木の根元までまっすぐに歩いて，歩数を数えてください」

タロウ「ちょうど 30 歩だ」

　木までの距離を計算したら 75 cm × 30 = 2250 cm なので，22 m 50 cm だった。

タロウ「大イチョウの高さは 22 m 50 cm だ」

ハナコ「ちょっと待って。タロウ君の目の高さを加えないと……」

　タロウの身長は 165 cm，目の高さは〈身長引く 10 cm〉と見なすと，木の高さは，2250 cm + 155 cm = 2405 cm になる。

ハナコ「じゃあ大イチョウの高さは約 24 m ね。スゴーイやったね」

　翌週の数学の時間に，先生が校門のそばにあるヒマラヤ杉の高さを測ろうといいだした。使うのは「巻き尺」と「角度測定器」（角知り器）だという。この器具は，右図のように台紙に分度器のコピーを貼り，中心から赤い糸で五円玉をつるしている。上部にはストローの照準器がつけてある。ストローの穴から木の先端を覗き，五円玉をつるした赤い糸の角を読み取るのである。

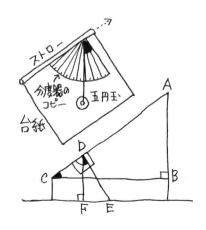

どうして？

　図で考えると，∠A と∠ACB の和は 90°。また∠CDF と∠EDF の和は 90°。AB と DF は平行線なので，同位角が等しいから，∠A と∠CDF は等しい。つまり，∠ACB と∠EDF は等しい。だから，角度測定器（角知り器）で木の頂点を見上げたときの角の大きさが測れるという。

　実習が始まった。なぜかタロウとハナコの 2 人組で測定することになった。今回は公園での「45°作戦」は封印した。測定の結果は，木までの距離が 15 m のときの見上げる角は 35°であった。2 人は教室に戻り，ノートに下図のような縮図を描いた。

ハナコ「底辺 15 cm の両端の角の大きさがそれぞれ 90°と 35°の直角三角形が縮図になるよね」

タロウ「15 m を 15 cm にしたので，100 分の 1 の縮図ができたね。次に何をするのかな」

ハナコ「タロウ君，直角三角形の高さをものさしで測ってください」

タロウ「10.5 cm。実際の高さはその長さの 100 倍だね。すると実際の長さは，10.5 cm × 100 = 1050 cm だから，ヒマラヤ杉の高さは 1050 cm だ」

ハナコ「また忘れてる。目の高さよ」

タロウ「そうだね。ボクの目の高さは 155 cm，ヒマラヤ杉の高さは 1050 cm + 155 cm = 1205 cm になる」

ハナコ「じゃあ，ヒマラヤ杉の高さは約 12 m ね。まとめてレポートしましょ」

　先週の公園での経験があったため，今回はスムーズに実習のレポートが完成したのであった。

【問題】　100 m の断崖の下は荒海，眼下に座礁した船が見える。この断崖から船を見下ろした角を測ったら 30°だった。この船までの距離を求めなさい。また海岸からの距離を求めなさい。正しく計算しないと救助が遅れるよ。（ヒント：右の直角三角形を使うと……）（解答は 283 ページ）

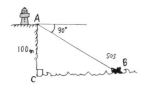

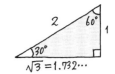

［西村徳寿］

3

エッ! どうして
そうなるの?

カエル先生

「算数・数学を学習すれば，みなさんが心の中で決めた数を当ててみることだってできるようになるよ」

「本当ですか」

「信じられないな」

「本当だよ。やってみようか。では誰か，先生にはいわないで，1〜20 までの中から 1 つだけ数字を選んで書いて，みんなに見せてください。先生には見えないようにね」

「ハイ。決めました」(14)

「当ててみる前に，まずその数に 2 を足してみよう」

「2 を足したら，次にその数を 2 倍しましょう」

「ハイ，いわれたように計算しました」

「じゃあ，その数に最初に決めた数をもう一度足してください」

「できました」

「間違いなく計算できていますか」　「ハイ」

「ではその数をまた 2 倍してください」

「そして，その数から 8 を引きましょう」

「たくさん計算したね」

$14 + 2 = 16$
$16 \times 2 = 32$

$32 + 14 = 46$

$46 \times 2 = 92$

$92 - 8 = 84$

考えているふり

「ではその数だけを教えてください」

「84 です」

「84 かあ。ううーん。

あなたが最初に決めていた数は，う

うーん」

84 から，最初に決めた数は
分からないだろうな。

「分かった！　あなたが決めた数は 14 でしょう」

　　　　　　「ええーっ！　その通りです。　　　すご〜い

　　　　　　どうして分かったのですか？」

　　　　　　　「数を当てられるのすごい！」

「もうひとりやってみようか」

　何回かやってみせるとよい。やっているうちに，2 を
足すことや 2 倍することに何か秘密がありそうだと気づき始める。

　先生は 5 つのことをさせている。① 2 を足す。② 2 倍する。③はじめに決め
た数を足す。④ 2 倍する。⑤ 8 を引く。それでどうして分かるのだろう？

　「中学校へ行って数学で方程式というのを学習すると分かるようになるけど，
小学生でも分かるように，算数で説明してみます」

　「みなさんが決めた数は，最初は分からないから，■ ということにします。

　　① 2 を足すと，■ ＋ 2 ということだね。

　　② 2 倍すると，■■ ＋ 4 になる。

　　③ はじめに決めた数を足すと，■ がもう 1 つ増えるから，■■■ ＋ 4。

　　④ これを 2 倍すると ■ も 2 倍，数字も 2 倍になるから，■■■■■■ ＋

　　　 8 となる。これはいいですか？

　　⑤ 8 を引くとどうなる？」

ナルホド

　　　　　　　　　　「■ が 6 個だけになる」

「■ が 6 個で 24 だったら，■ 1 個の数は何だろう？」

　　　　　　　　　「24 ÷ 6 ＝ 4，4 だ」

　「①〜⑤のことをすると，■ × 6 の数字になるんだよ。だから 6 で割れば答
えが分かる。みなさんは x という文字を習っていますね。文字を使った式に
すると，最後には $x × 6$ の数になります。数を当てることができる秘密は分
かりましたか？　みなさんもペアになってやってみましょう」

できた。できた。
自分たちにも
できたぞ。

家に帰って
おうちの人にも
やってみよう。

ここでは，「2を足す」「2倍する」などの簡単な数の計算にしたが，別の数でも同じことができる。要は $x \times \square = \bigcirc$ の式になるようにすればできる。

たとえば，

　　① 3を足す。② 3倍する。③ はじめに決めた数を足す。④ 1を足す。

　　⑤ 2倍する。⑥ 20を引く，

とすると，計算の結果は $8x$ となるから，出てきた数を8で割ればよくなる。いろいろと工夫ができる。

また，最初に決めた数は20を越える数でもできることはいうまでもない。しかし，大きい数になると暗算ができにくくなったり，計算間違いが出てきたりする。だから，計算はシンプルにして，数学を学習していくとこんなことも遊びでできるという楽しさが感じられるようにすることをお勧めしたい。

【おまけ】誕生日あての遊び方

(1) 生まれた月を見えないように書く。

(2) 2倍する。

(3) 5を足す。

(4) 50倍する。

(5) 生まれた日を足す。

(6) 1年間の365を引く。

ここでの数字を知らせます。

答える人は，ここで115を足して答えます。百の位以上が月，十の位と一の位が日となる。月を x，日を y とおいて考えてみる。

(1) (2) (3) をすると，$2x + 5$ となる。

(4) をすると，$100x + 250$。

(5) で日の数を足すから，$100x + 250 + y$。

(6) で365を引くと，$100x + y - 115$ の数になる。

だから，115を足すと $100x + y$ となり，百の位以上に月の数，十の位と一の位が日となる。

[例] 5月19日の場合。

(1) 5

(2) $5 \times 2 = 10$

(3) $10 + 5 = 15$

(4) $15 \times 50 = 750$

(5) $750 + 19 = 769$

(6) $769 - 365 = 404$

　　$404 + 115 = 519$

　　　答： 5月19日

[新川雄也]

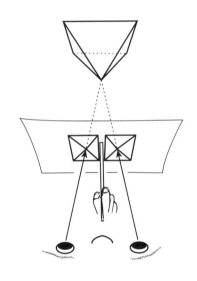

私たちは，両目で見るとき，見ているものが立体に見える。なぜだろう。

たとえば，四角錐を真上から，片目で見ると図1のように見える。

図1

しかし，両目で見ると，左目には，左図のように頂点が少し右に見え，右目には，右図のように頂点が少し左に見える。

そこで，この左図を左目，右図を右目で，説明の絵のように見ると，脳が騙されて図を合成して立体に見えてしまうのである。うまくいかないときは，絵のように左図と右図の間に紙を挟んで，左図を左目，右図を右目で見るように強制するとうまくいく（かも）。

左図

右図

気分としては，ボーーーッと遠ーくを見る感じで眺めるのがよい。紙を見ようとしたらダメ。原理がわかれば，自分で立体視の図を描くのはそんなに難しくない。描くコツは次の2つ。

- 左目用：相対的に近いところは少し右へ，遠いところは少し左へ。
- 右目用：相対的に近いところは少し左へ，遠いところは少し右へ。

○鑑賞タイム1

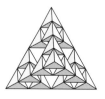

シェルピンスキーの三角形3次元版

輪に矢

球

円錐

立方体の中の正四面体

立方体の中の正八面体

モナリザ

夜のカフェテラス

少し高度な立体視の説明。

右図のように，○を４個並べると，中の２つは，右目用と左目用になり，脳は騙されて，近い丸と遠い丸があると勘違いしてしまう。

下は，それを利用して作った，立体視。

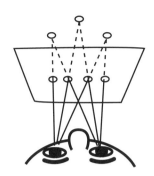

○鑑賞タイム２

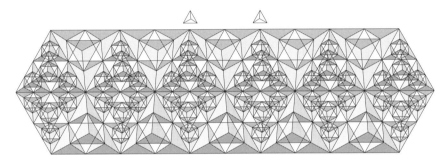

シェルピンスキーの三角形がへっ込んだり出っ張ったり。

$z = \cos\sqrt{x^2 + y^2}$ の曲面が見える。

[何森　仁]

3-3　虚数はウソの数？

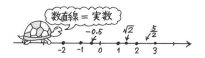

虚数, 複素数という数

　小学校では 1,2,3 のような自然数や分数・小数を学び, 中学では $-1, -2$ などの負の数や $\sqrt{2}$ などの無理数を学ぶ。中学までに学ぶ数は「実数」と呼ばれている。どうして "実" の字が付くのだろうか？

　それは, これらの数はすべて数直線上の点で表されるからだ。ビジネス用語を借用するならば,「数直線とは, 実数を "見える化" したもの」である。

　ところで, 中学で 2 次方程式を学ぶ。

　方程式 $x^2 = 3$ の解は $x = \pm\sqrt{3}$ なので, 方程式 $x^2 = -1$ の解を, 形式的に $x = \pm\sqrt{-1}$ としたくなる。でも冷静に考えてみると,「2 乗して -1 になる数」は実数ではない。$(実数)^2 \geqq 0$ となるからだ。だから,

　　　　　方程式 $x^2 = -1$ は実数の解をもたない

ことがわかる。でもこれでは面白くない, と考えた数学者がいて, だったら

　　　　　$i^2 = -1$ となるような新たな数 i を考えよう

と提案した。そして, この i は数直線上に表せないので, **虚数**と呼んだ。

　"嘘っぽい数" である i を一旦数の仲間に迎えてしまえば, 実数と虚数が共存する数の世界を認めざるをえない。それが**複素数**である。複素数は,

　　　　　$(実数) + (実数) \times i$

の形で表される。計算は文字式と全く同様にできるが, 唯一の変則ルール, $i^2 = -1$ に従わなければならない。たとえば

　　　　　$(2+i) + (1+3i) = 3+4i,$

　　　　　$(2+i) \times (1+3i) = 2+7i+3i^2 = 2+7i+3 \times (-1) = -1+7i$

のように計算する。

　荒唐無稽なことをやっているように思われるかもしれないが, 実数と虚数が

お互いを尊重し、手を取り合うことで、新しい視点が開けるのである。

　たとえば電気の世界。直流の回路でオームの法則が成り立つが、交流になる
とこの法則は使えなくなる。しかし複素数を使うと、オームの法則の類似形が
使え、交流回路も直流と同じように計算できるようになる。複素数により直流
と交流の壁が取り払われる。例はまだまだある。複素数の世界は思ったより整
合的で合理的な世界なのである。まさに"ウソから出たマコト"である。

虚数, 複素数の"見える化"

　実数を"見える化"したものが数直線であった。虚数や複素数も"見える化"
することができれば"嘘っぽい数"のレッテルを払拭できるかもしれない。

　そのため、まず −1 を掛けるという計算を"見える化"する。

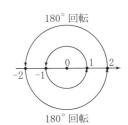

　たとえば、$1 \times (-1) = -1$ という計算は、数直線
上の1が、$\times(-1)$ により原点を中心として反時計回
りに $180°$ 回転し -1 に移動したと見ることができる。

　$1 \times (-1) \times (-1)$ は1を表す点を $180°$ 回転して、さ
らに $180°$ 回転、つまり $360°$ 回転して1に移動したも
のと見ることができる（右上図）。

　　　$\times(-1)$ …… $180°$ の回転

である。それならば、$i^2 = -1$ なので

　　　$\times i^2$ …… $180°$ 回転

であるから、

　　　$\times i$ …… $90°$ 回転

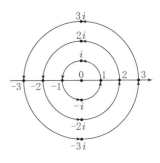

と考えるのが自然であろう（右中図）。こうし
て $1 \times i = i$ から、i は数直線の1を表す点を原
点を中心に $90°$ 回転した位置にあることがわか
る。これで"i（愛）の行方"が見えてきた。

　同様にして、右下図のように、$2i, 3i, -i, -2i$
のような虚数の位置がわかり、これらを結ぶと虚
数を表す一本の直線が現れる。実数を横軸、虚数
を縦軸と考え、図のように横軸の2と縦軸の i の交

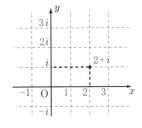

わる位置にある点を $2+i$ とするのである。こうして，どのような複素数でもこの平面上の点として"見える化"することができることがわかった。この平面は**複素数平面（ガウス平面）**と呼ばれる。「複素数平面とは，複素数を見える化したもの」である。

複素数の計算と複素数平面

　複素数も実数と同じように向きと大きさをもっている。$2+i$ の向きは，原点より右側の横軸との角度で表す。$2+i$ の向き θ は，$\theta \fallingdotseq 27°$（$\tan\theta = 1/2$）である。大きさは，実数と同じで原点からの距離になる。$2+i$ の大きさは，三平方の定理より $\sqrt{2^2+1^2} = \sqrt{5}$ である。したがって，

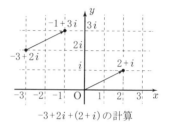
$-3+2i+(2+i)$ の計算

　　　$+(2+i)$ …… 27°の向きに $\sqrt{5}$ だけの移動として見ることができる。右上図で $(-3+2i)+(2+i)$ $= -1+3i$ の計算も同様に確かめることができる。

　また，

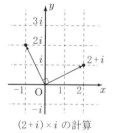
$(2+i) \times i$ の計算

　　　$\times i$ …… 原点を中心とした90°の回転であったので，右中図で $(2+i) \times i = 2i + i^2$ $= -1+2i$ の計算を確かめることができる。

　このようにして，複素数の四則計算を見事に"見える化"することができる。虚数は決して"嘘っぽい数"ではないのだ。

　最後に，右の複素数平面上の好きなところに点を取ってほしい。その点を，-1 の点を中心に90°反時計回りに回転したところに印をつける。次に，最初に取った点を今度は

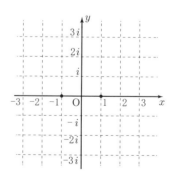

$+1$ を中心に90°時計回りに回転したところに印をつける。印をつけた2つの点の中点が i（愛）のある複素数の世界の貴方への気持ちである。

[川村昌宏]

3-4　1に一番近い数

無量大数の計算

「おじいちゃん，今日学校で一番大きい数の単位を教わったよ」
「それってなんじゃ」
「ジャーン，"無量大数"だって」
「すごいことを教わったなあ」
「今日の一人勉強は，無量大数の計算にしようかな。おじいちゃん，問題出して」

「よしきた，2無量大数＋3無量大数は？」
「カンタン，5無量大数だよ。もっと難しいのを出していいよ」
「ウーム，では5無量大数＋2はどうじゃ？」
「楽勝だね，5無量大数2だよ」
「簡単すぎたようじゃな。では，1無量大数−1は？」
「あれ？　わかんない。おじいちゃんのバカ，こんな問題ださないで」
「ゴメンゴメン，ワシもわからないのじゃよ」

　困ったおじいちゃんに代わって答えよう。「9999 不可思議 9999 那由他 9999 阿僧祇 9999 恒河沙 9999 極 9999 載 9999 正 9999 澗 9999 溝 9999 穣 9999 秭 9999 垓 9999 京 9999 兆 9999 億 9999 万 9999」である。なんと9が68個も続く数になる。書くのはまだしも，口で唱えるのはちょっと難しいだろう。

実数とは？

「おじいちゃん，今日学校で $\sqrt{2}$ を教わったよ」
「なつかしいのう，たしか"一夜一夜に人見頃"だったかな？」

「そう 1.41421356 ね。でも，その後にもずうっと数がつづくんだって。だから

$$\sqrt{2} = 1.41421356\cdots\cdots$$

と "…" を使って書くの」

「すごいのう，たしか $\frac{1}{3}$ もそんな数だったのう」

「0.333……よ。分数のときは数を繰り返すのね」

「思い出したぞ。$\frac{3}{10} = 0.3$，今度は 3 が一回しか出てこない」

「おじいちゃん，どんな数でも小数で表されるの？」

「どうかのう，おじいちゃんはようわからん」

困ったおじいちゃんに代わって答えよう。じつは "小数で表されるような数" のことを "実数" と呼ぶことにしたのである。

よーく考えると，$\sqrt{2} = 1.41421356\cdots\cdots$ の "…" のリーダーは不気味である。どこまでも続く "…" は，神様になった気持ちでないと理解できない。

$$1,\ 1.4,\ 1.41,\ 1.414,\ 1.4142,\ 1.41421,\ 1.414213,\ \cdots\cdots \qquad (☆)$$

という数列の隣り合う 2 数の差は急激に小さくなり，ある数に近づいていく。数学では，この数列の行き着く先を

$$1.41421356\cdots\cdots \qquad (★)$$

と書くことを約束した。注意すべきは，$\sqrt{2}$ を表す（★）は（☆）のどこにも現れないということである。

一般にある値を越えないように増加し続ける数列は，必ず行き着く先が決まる。これを保証したのが "実数の連続性" である。つまり，

$$\text{"実数の連続性"} \quad \Leftrightarrow \quad \text{"実数が小数で書ける"}$$

1 の次の数

「おじいちゃん，1 の次の数はなあに？」

「よしきた，1 の次の数は 2 じゃ」

「アタイの聞いているのは，1 の次の実数だよ」

「エート，1.00000000……0」

「おじいちゃん，頑張って！」

「1.00000000000000……0　イ，イキが切れてきた」

「まだまだ！」

「1.00000000000000………………」

「アタイはもう寝るよ」

かわいそうなおじいちゃんは，1の次の実数は永遠にいえない。

1に一番近い数

「おじいちゃん，1に一番近い数を見つけちゃった」

「なにい！　その数とは？」

「0.999999……よ」

「さすがじゃ，0.999999……＜1だからのう」

「えっへん！」

ちょっとまった！　それはおかしいことを，下の掲示板を使って，2人に教えてあげよう。

$$x = 0.999\cdots \quad ①$$
$$10x = 9.999\cdots \quad ②$$
$$②-① より$$
$$9x = 9$$
$$ゆえに \quad x = 1$$

$$\frac{1}{3} = 0.333\cdots \quad ①$$
$$①の両辺を3倍して$$
$$\frac{1}{3} \times 3 = 0.333\cdots \times 3$$
$$ゆえに \quad 1 = 0.999\cdots$$

どうして，2人は思い違いをしたのだろうか？　そのため，

0.9, 0.99, 0.999, 0.9999, 0.99999, ……　　　（☆）

という数列を考えよう。たしかに，（☆）の数はすべて1より小さい数なので
0.999……9＜1と書ける。ところが，0.999……は上の数列（☆）の行き着く
先を表す実数であり，（☆）のどこにもない。行き着く先は1なので

0.999…… ＝ 1

と書ける。つまり，1に一番近い実数はないのである。

[伊藤潤一]

3–5　小数のほうが分数よりも多い？

1. 整数と分数

　物の個数，大きさなどを表すのに整数が使われ，さらに温度や海抜のように対称的な性質をあらわすのに正の数だけでなく負の数も使う。

　長さ・重さ・かさなどいろいろな量を測定すると半端が出てくる。これを考えるには分数・小数が欠かせない。

　小数（有限の）$1.4 = \dfrac{14}{10}\left(= \dfrac{7}{5}\right), 3.14 = \dfrac{314}{100}\left(= \dfrac{157}{50}\right)$ は分母が 10, 100, ……の分数であり，整数は分母が 1 の分数であるといえる。したがって，整数・分数・小数（有限）は $\dfrac{整数}{整数}$（ただし分母 $\neq 0$）と表せる。これらを合わせて**有理数**と呼ぶ。逆に，有理数を小数に直すと，

① 有限で終わる，

② 無限に続くが，あるところから

　必ず繰り返す（循環小数という），

のどちらかであることがわかっている。

$$
\begin{aligned}
&x = 0.1666\cdots\cdots \text{ とおくと}\\
&\quad 100\,x = 16.666\cdots\cdots\\
&\underline{-)\ \ 10\,x = \ 1.666\cdots\cdots}\\
&\quad 90\,x = 15 \ \text{より} \ 6\,x = 1,\ x = \dfrac{1}{6}
\end{aligned}
$$

②が分数で表されることは上の方法で確かめられる。

【例1】　$\dfrac{1}{1} = 1.0, \dfrac{1}{2} = 0.5, \dfrac{1}{3} = 0.333\cdots, \dfrac{1}{4} = 0.25, \dfrac{1}{5} = 0.2, \dfrac{1}{6} = 0.1666\cdots,$
$\dfrac{1}{7} = 0.14285714\cdots, \cdots\cdots$

　分母を 1000 とする分数は $\dfrac{1}{1000}$ の間隔で並んでいるが，分母をどんどん大きくしていくと，$\dfrac{1}{1000}$ の間隔の中に新たな分数が入り込んでいく。どんなに近い分数の間にも次々と分数が入り込み密になる。隣どうしの分数ってあるの？

　ついに数直線は「有理数」でいっぱいになったように見えるが……。

2. 無理数

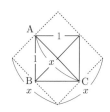

古代ギリシャでは「線分とは、とても小さな点の集ま
り」で「2つの線分の比は整数の比で表される」と考え
られていた。

じつは、右上図の正方形の辺（AB = 1）と対角線（AC
= x）の比は整数の比にはならない。AB を一辺とする正方形の面積は 1 で、
対角線 AC を一辺とする正方形の面積はその 2 倍だから 2。すなわち
$x^2 = 2 \, (x > 0)$ なので $x = \sqrt{2}$。

これが仮に分数（有理数）、たとえば $\dfrac{99}{70}$ と表されたとすれば、$\sqrt{2} = \dfrac{99}{70}$.

両辺を 2 乗して分母を払うと $2 \cdot 70^2 = 99^2$…… （☆）

素因数分解して $2 \cdot (2 \cdot 5 \cdot 7)^2 = (2^0 \cdot 3^2 \cdot 11)^2$

両辺の素数 2 の指数を比べると、左辺は必ず奇数で、右辺は必ず偶数になる
ので、等式は成り立たない（ただし、99 に登場しない素数 2 の指数は 0）。

等式（☆）が成り立たないことは、比べるとすぐ判る（9800 ≠ 9801 残念！）
が、上の論法はすべての分数の例で使えるので、$\sqrt{2}$ は分数では表せない。

そうなると、有理数ではない数（**無理数**という。有理数と無理数を合わせて
実数といい、これで初めて数直線が全部埋まる）はどのくらいあるのだろう？

3. さて、どっちが多い？

有限個の物なら数えればよいのだが、無限個の場合はどうやって多い少ない
を決めればよいのだろうか？　次の 2 つの例で考えてみよう。

【**例 2**】　正の整数と正の偶数

どう見ても正の整数の方が 2 倍くらい多そうだ。しかし、次のように並べて
みると、きれいに対応している。

$$1, 2, 3, 4, 5, \ 6, \ 7, \ 8, \ 9, \cdots\cdots, \ n, \ \cdots\cdots$$
$$\updownarrow \ \updownarrow \ \updownarrow \ \updownarrow \ \updownarrow \quad \updownarrow \quad \updownarrow \quad \updownarrow \quad \updownarrow \qquad \quad \updownarrow$$
$$2, 4, 6, 8, 10, 12, 14, 16, 18, \cdots\cdots, \ 2n, \ \cdots\cdots$$

無限の世界では、このように対応させることができれば「個数は同じ」と考
える。これ以外の方法で個数が同じか否かを比較するのは難しいともいえる。
この方法を「**1 対 1 対応**」という（この方法は有限個どうしでも使える）。

【例 3】 正の整数と正の有理数

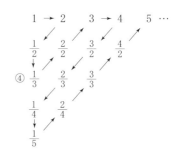

図のように並べて数えていくと，正の整数と正の有理数との間に「1 対 1 対応」ができる（1 番目，2 番目，……と数えることができれば，正の整数と同じ個数だ。この数え方では $\frac{1}{3}$ は④番目）。同じ値の数が途中で何度も出てくるが，飛ばして数える（飛ばさずに数えてもよい）。したがって，この場合も同じ個数⁉　個数を表す記号を仮に #{　}とすれば，#{正の整数} = #{正の有理数}……（ア）

いよいよ，正の有理数（分数）vs 正の小数，どちらがたくさんあるかを比べる。上の例 3 を使って，正の有理数のかわりに正の整数と比べることにする。まず，正の整数と $0 < x \leqq 1$ である小数（正の小数の一部分）とを比べよう。

この範囲の小数すべてを，$a_1, a_2, a_3, \cdots$ と順に並べることが仮にできたとすると，「1 対 1 対応」が成り立つから，#{正の整数} = #{$a_1, a_2, a_3, \cdots$}。

さて，右欄のような，ある小数の列に対して，新たな小数 b を欄内の説明のように作る。この小数 b は $0 < x \leqq 1$ を満たし，a_1 とは小数第 1 位が異なり，a_2 とは小数第 2 位が異なり，a_3 とは小数第 3 位が異なり，……上の小数の列には出てこない数である。このような小数 b は作り方を変えればいくつでも作れる。したがって $0 < x \leqq 1$ を満たす小数を，さまざまな列 $a_1, a_2, a_3, \cdots$ を作って一列に並べようとしても，表し切れない小数が無数に出てきてしまうのだ（多すぎて「1 対 1 対応」では収まらない）。

$a_1 = 0.\boxed{1}32\cdots\cdots$

$a_2 = 0.3\boxed{9}5\cdots\cdots$

$a_3 = 0.26\boxed{8}\cdots\cdots$

$\cdots\cdots\cdots$ ↓

□ を集めて $0.\boxed{198}\cdots\cdots$
この小数の各位を
1→2，1 以外→1
と置き換えて
$b = 0.211\cdots\cdots$

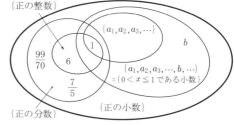

#{正の整数}

　　≪ #{$a_1, a_2, a_3, \cdots, b, \cdots$}

　　= #{$0 < x \leqq 1$ である小数}……（イ）

（ア）（イ）から，分数より小数が圧倒的に多いことが示せた。　　　[塩沢宏夫]

3-6 歴史の黄金比と $\sqrt{2}$ は気をつけよう

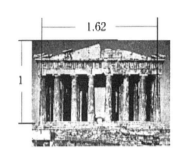

黄金比 $\dfrac{1+\sqrt{5}}{2}$ と $\sqrt{2}$ には気をつけろ

名刺やパルテノン神殿の縦横の比やミロのビーナスのへそから上と下の比が「黄金比」であり，美しい分割といわれている。

また日本では $1:\sqrt{2}$ の分割が多く，法隆寺五重塔の第1層と第5層の横幅の比はほぼ $1:\sqrt{2}$ になっている。このことからこの比は日本の美と関わりがあるとよくいわれる。法隆寺金堂の正面の第1層と第2層の幅も $1:\sqrt{2}$ といわれるが，これは $1:\sqrt{2}$ になっていない。

なお，$1:\sqrt{2}$ のことを日本では「白銀比」と呼ぶことが多いのだが，しかし外国では以前から，白銀比（silver ratio）は $1:(1+\sqrt{2})$ のことを指している。

一見すると黄金比や $1:\sqrt{2}$ の関係に見えても，実際は違

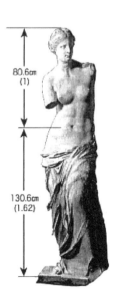

80.6cm
(1)

130.6cm
(1.62)

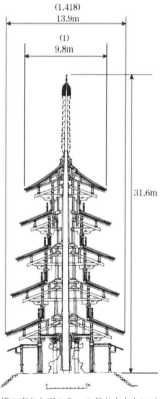

(1.418)
13.9m

(1)
9.8m

31.6m

塔の高さと下の5mの長さをもとにできるだけ正確に測りメートルに直した。

うことが多い。権威のある書物でも無理やりこじつけているものも多い。気を
つけなければいけない。

6：4のお湯割りは黄金比？

コップに目盛りが書かれている。何のための目盛りだろうか？

じつはこれは焼酎のお湯割り用の目印だ。お湯割りは，お湯5に対して焼酎
5，いわゆる5：5，または焼酎6に対してお湯4，いわゆる6：4がおいしいと
いわれている。この目盛りがあれば簡単に測ることができる。

お湯と焼酎の割合6：4は，だいたい黄金比になっているのではないかと思っ
たことがある。しかし，6：4は $\frac{6}{4} = 1.5$ だから，黄金比 $\frac{1+\sqrt{5}}{2} = 1.618\cdots$
とはちょっと違う。

そこで，6.5：4にしてみよう。6.5と4では，足したら10（割）を超えて
しまう。「6.5」とは何だと思われるかもしれないが，余計な0.5は表面張力で
膨らんだ分だと考えることにする。これだと，$\frac{6.5}{4} = 1.625$ だから，だいぶ
黄金比に近づく。

お湯と焼酎の比が黄金比だというのは，あまりにもこじつけだ。

しかし，このように，こじつけようと思えば何かしらこじつけることができ
るので，もしかしたら先の例のように，無理やり黄金比や白銀比という結論に
誘導しているものも多数あるのではないだろうか。

気をつけなければならない。

黄金比や $1:\sqrt{2}$ が現れるとき

黄金比と $\sqrt{2}$ を連分数で表すと，下のようになる。

$$\frac{1+\sqrt{5}}{2} = \cfrac{1}{1+\cfrac{1}{1+\cfrac{1}{1+\cdots}}}, \qquad \sqrt{2} = 1+\cfrac{1}{2+\cfrac{1}{2+\cfrac{1}{2+\cdots}}}$$

この連分数表記はじつに美しい。

フィボナッチ数列 $1, 1, 2, 3, 5, 8, 13, \cdots\cdots$ の数列の前項と後項の比を取ると，

$$\frac{1}{1} = 1, \ \frac{2}{1} = 2, \ \frac{3}{2} = 0.5, \ \frac{5}{3} = 1.66\cdots, \ \frac{8}{5} = 1.6, \ \frac{13}{8} = 1.625, \ \cdots\cdots$$

と $\dfrac{1+\sqrt{5}}{2}$ に近づく。

また，フィボナッチ数列の一般項は

$$a_n = \frac{1}{\sqrt{5}}\left\{\left(\frac{1+\sqrt{5}}{2}\right)^n - \left(\frac{1-\sqrt{5}}{2}\right)^n\right\}$$

と表記されるが，この中にも黄金比が現れる。

「指金」（右上図）には，通常の片面には $1\,\mathrm{cm}$ 単位の目盛りが，また裏面には $\sqrt{2}\,\mathrm{cm}$ きざみの目盛りが刻まれている（たとえば，丸太の直径を測れば，その丸太から切り取れる最大の正方形の辺の長さがわかる。指金にはそれ以外にいろんな種類がある）。

右の写真は，鹿児島の石橋公園にある岩永三五郎の像である。この像は指金を持っている。

岩永三五郎は肥後（熊本）出身で，江戸時代後期に活躍した石工である。肥後藩や薩摩藩（鹿児島）には三五郎がつくった石橋が多く残されている。きっと，銅像の作者は測量・設計のシンボルとして指金を持たせたのだろう。

［當房昭久］

3-7　もし，三角形の 3 つの角の和が 190°だったら？

　ボクの通っている塾には，わが家の三兄弟全員が通っている。小学生のボク
と中学生のケン，高校生のジンである。塾の先生がなんとも風変わりで面白い。
ある日，先生は，ボードに紙の三角形を何枚か貼った。

先生「この三角形の 3 つの角の和は何度？」

ボク「忘れました」

ケン「しっかりしろ，180°だろう」

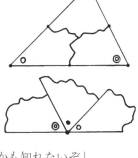

　ボクは自分で確かめたかった。そこで，紙の
三角形を手に取って 3 つの角を切り離して 1 つ
に合わせた。するときれいに一直線上に並んだ。

ボク「やった！　180°です」

先生「フフ，いいねぇー」

ケン「たまたまその三角形が 180°になっているだけかも知れないぞ」

　ボクは，少し不安になった。先生は，ニッコリしながらボクの顔を見て

　　「どんな三角形でも 3 つの角の和が一定になる」

ということさえ覚えておけば大丈夫といった。そして，下の図を描き，弟にも
わかるように説明しなさいと，兄にうながした。

先生「三角形 ABC と三角形 ACD の 3 つの角
の和が等しいとすると……」

ケン「①+②+③+④ = ③+④+90°ですね。
だったら ①+② = 90°，大丈夫かな？」

ボク「んー，なんとかわかるよ」

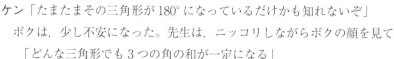

先生「三角形 ABC と三角形 ABD の 3 つの角
の和が等しいとすると……」

ケン「①+②+③+④ = ①+②+90°より ③+④ = 90°です」

先生「もう一歩，三角形 ABC の 3 つの角の和は，①＋②＋③＋④ ですね」

ケン「①＋②＋③＋④ ＝ 90°＋90° ＝ 180°，できたあー」

　先生は，合同な三角形がたくさん印刷された紙をもってきて，ハサミで切り取り，その三角形をテーブルの上に敷きつめなさいという。

ボク「ワー，きれいに並んだ！」

先生「三角形の 3 つの角の和が 180°とい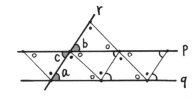
うことがよく効いているだろう。ところで
直線 p と直線 q をずっと延長したら交わる
だろうか？」

ボク「いえ，決して交わりません，平行線
です」

先生「次に直線 r を考えると，角 a と角 b は等しい。また角 c も等しい」

ケン「同位角と錯角だ，平行線の同位角，錯角は等しい！」

ボク「エ，何，何？」

ジン「中学に行けばわかるよ」

先生「このように，三角形の 3 つの角の和が 180°であることを前提にすれば，平行線の同位角，錯角が等しくなる」

ケン「中学校で教わったことと逆さまになってる気がします」

先生「そう，モノゴトは逆から見ることも大切です」

　三角形の紙をいじっていたジン兄ちゃんが，突然叫んだ。

ジン「うっひょう，できた。これが最良の証明だ」

ボク「何々？　見せてよ」

　兄は図のように三角形 ABC の辺 AB，AC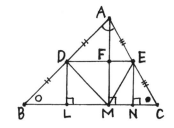
のそれぞれの中点 D，E を結ぶ線で折り返し，
さらに角 B と角 C を折り込んで小さい長方形
を作った。なんと，点 M に初めの三角形の 3
つの角がピッタリ集まっているではないか。

ボク「やったねー，さすが大っきい兄ちゃん」

先生「どれどれ，これはじつにおもしろい，証明は？」

ジン「△ ADE ≡ △ MDE，△ DBL ≡ △ DML，そして△ EMN ≡ △ ECN，

96

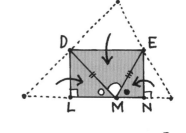

……」

先生「中線連結定理を仮定しているので，循環論法になるかも？」

ケン「ジュンカンロンポウ？」

　ボクは，兄たちと先生の会話が全く理解できなかったが，ジン兄ちゃんの折り返しの説明で完全に納得した。

　塾の終了間際，先生が変な話を始めた。探検隊が遠い宇宙のある星で図のような直角三角形を発見したという。

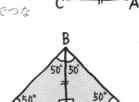

ボク「先生，この三角形の 3 つの角の和は 190° です」

先生「そう変だねー，裏返した同じ三角形を辺 AB でつなぐと面積が 2 倍の三角形 BCD ができる。この三角形の 3 つの角の和は？」

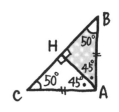

ケン「アレ，200° になります。増えた？」

先生「では，点 A から垂線 AH をおろし，面積が半分の三角形 ABH を作ります。この三角形の 3 つの角の和は？」

ジン「185° です。レレ，今度は減った，どうして？」

　先生はニヤッと笑って，ボードに次のことを書いた。

三角形において，

　　「内角の和が一定」⇒「和が 180°」

　　「和が 180° でない」⇒「内角の和が一定でない」

ケン「そんなムチャなこと考えられません」

ジン「先生，三角形の内角の和が 180° でない世界なんてホントにあるのですか」

先生「いい質問だ，家に帰ったら地球儀をジックリ眺めることだな」

　ボクはわくわくしてきた，はやく自分の机の地球儀をジックリ観察したいと思った。

[栗嶋和巳]

3-8　君は4次元を見たか

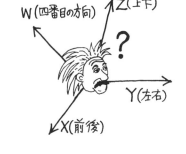

　4次元とは何だろう。

　4次元は「ある」のか？

　たくさんの数学少女，数学少年が一度は悩み考えて夜も眠れない問題。

　4次元は本当にあるのか？

　ある！

　ただし，それは人の想像力の中に。数学はそれを式と形式で研究してきた。それをお見せしましょう。

　0次元は点，1次元は線，2次元は面，3次元は空間，そして4次元は超空間。長さ1の辺がすべて直角に交わっている図形が立方体。立方体は各次元にある。

　数学は点の位置を数字を使って表すことを考えた。

　最初から点が決まっているなら，数字も何もいらない。つまり必要な数は0個，これが0次元。

　直線上の点の位置を表すには，原点からの距離で表せばよい。だから必要な数は1個。つまり線は1次元。

　同様に，平面上の点は座標 (x, y) を使って表せる。つまり平面は2次元。

　したがって空間の点を表す (x, y, z) は3次元。

　それならば，点の位置を表すのに4つの数字が必要な「空間」があれば，それが4次元空間。

　残念ながら，私たちはその空間を具体的に見ることはできない。しかし，想像することはできる。これはとても大切な数学の力。数学は数と式を使って目に見えないものも想像し研究してきた。

　想像力のトレーニングをしよう。長さ1の線分でできていて，角がすべて直角になっている図形が「立方体」。それぞれの次元にそれぞれの立方体がある。

数学方言で，まとめて立方体と呼ぼう。

0次元の場合：この世界は点なので，0次元立方体とは点のこと。

1次元の場合：2個の点0と1を結ぶ線分が1次元立方体。

2次元の場合：4個の点 $(0, 0)$ $(1, 0)$ $(0, 1)$ $(1, 1)$ を結んでできる正方形が2次元立方体。

3次元の場合：8個の点

$(0, 0, 0)$ $(1, 0, 0)$ $(0, 1, 0)$ $(0, 0, 1)$ $(1, 1, 0)$ $(1, 0, 1)$ $(0, 1, 1)$ $(1, 1, 1)$

を結んでできる立方体が3次元立方体（これが普通の立方体！）。

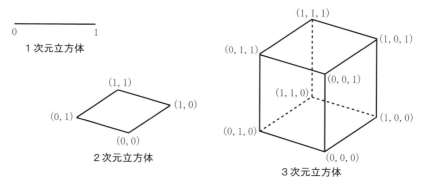

1次元立方体

2次元立方体

3次元立方体

ここからが想像力の出番。では4次元立方体（これを超立方体ともいう）はどうか。

4次元の場合：16個の点

$(0, 0, 0, 0)$　$(1, 0, 0, 0)$

$(0, 1, 0, 0)$　$(0, 0, 1, 0)$

$(0, 0, 0, 1)$　$(1, 1, 0, 0)$

$(1, 0, 1, 0)$　$(1, 0, 0, 1)$

$(0, 1, 1, 0)$　$(0, 1, 0, 1)$

$(0, 0, 1, 1)$　$(0, 1, 1, 1)$

$(1, 0, 1, 1)$　$(1, 1, 0, 1)$

$(1, 1, 1, 0)$　$(1, 1, 1, 1)$

を結んでできる立方体が4次元立方体（超立方体）。

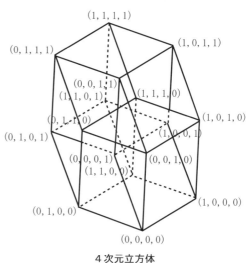

4次元立方体

　では，3次元と4次元立方体の投影図，展開図を紹介する。展開図を組み立
ててみよう。これで4次元立方体が見える！（かもしれない）

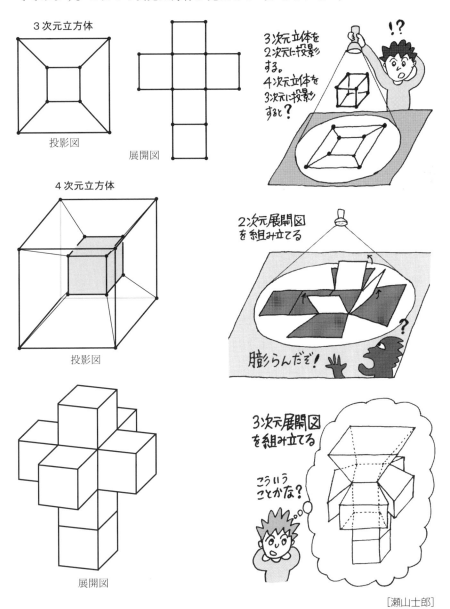

3次元立方体

投影図

展開図

3次元立体を
2次元に投影
する。
4次元立体を
3次元に投影
すると？

4次元立方体

投影図

2次元展開図
を組み立てる

膨らんだぞ！

展開図

3次元展開図
を組み立てる

こういう
ことかな？

［瀬山士郎］

無限大になるなりかた

急激に，ゆっくりイヤイヤ

$y = x^2$ と $y = 1.1^x$ の2つのグラフは，いくつの点で交わるだろうか？

x	−4	−3	−2	−1	0	1	2	3	4
x^2	16	9	4	1	0	1	4	9	16
1.1^x	0.683	0.751	0.826	0.909	1	1.1	1.21	1.331	1.4641

1.1^x の値はゆっくり増えるので，2つのグラフは，まず2点で交わるのがわかる。

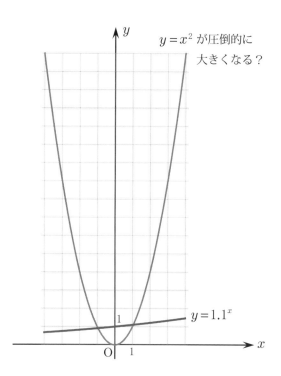

$y = x^2$ が圧倒的に
大きくなる？

$y = 1.1^x$

　しかし, x の値をどんどん大きくしていくと, 1.1^x が x^2 を追い越す ($x = 96$)。範囲を広げてみると, 2つのグラフが, じつは3点で交わっていることがわかる。

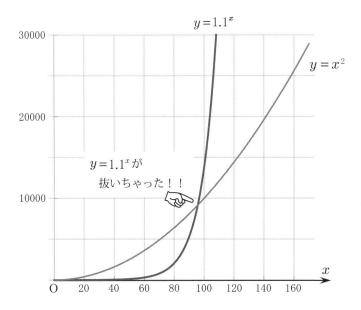

　さらに, x^3, x^4 を加えて, $x = 400$ までの, それぞれの値を比較してみると, 下の表のようになる。

x	10	100	400
x^2	100	10,000	160,000
x^3	1,000	1,000,000	64,000,000
x^4	10,000	100,000,000	25,600,000,000
1.1^x	2.59	13,781	36,064,014,027,525,400

　1.1^x は, x^4 の値も追い越していくが, このとき x^3 の値は x^4 の $\dfrac{1}{400}$, x^2 の値は $\dfrac{1}{160000}$ となるので, これらは遙か下, x 軸にくっつきそうに見える (次ページ図)。

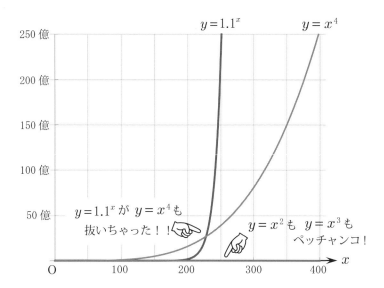

x の次数の違いによって，無限大になるスピードが異なり，x の値が大きくなっていくと，桁数の差も無限に拡大していく。1.1^x の次数は無限大と考えるとよい。

$$1 \underset{\text{無限小}}{\overset{\text{無限大}}{\rightleftarrows}} x \rightleftarrows x^2 \rightleftarrows x^3 \rightleftarrows x^4 \cdots 1.1^x$$

1.1^x の値は，ゆっくり増加しているように見えるが，x の範囲を広げてみると，$y = 2^x$ などの他の指数関数と同じ増加の仕方をする。じつは指数関数は，すべて相似であり，x の尺度を変えることで，同一の関数となる。

自然界においては，指数関数的な増加が普通である。その場合，たとえ少しずつであっても増加が続く限り，どこかで爆発的な増加を引き起こすことがわかる。

[高橋宏幸]

4.

数を探求しよう

4-1 1年生でもできる4マス数独

1から4までの，たった4つの数字だけを使って，ストレッチをしよう。

そうはいっても，体のすじを柔らかくするストレッチじゃない。頭のストレッチだ。「パズル」といってもいいが，そんなに複雑なものではない。きっと，数字を覚えたてのおちびちゃんでもできるはず。

では，紙とえんぴつを用意して一緒にやってみよう。

【問題1】 4つのマスの中には，1, 2, 3, 4の数字が必ず1つずつ入る。からっぽのマスの中に，1, 2, 3, 4のどれか1つ数字を入れよう。

（解答は283ページ）

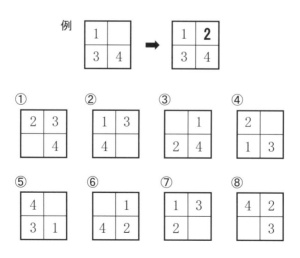

入っていない1つの数字を見つけ出すのは，きっとできたはず。

では，入っていない数字が2つ以上あるものもやってみよう。マスも，グッと広げよう。そして，のびのびと頭を柔らかくしよう。

【問題2】　太い線で囲まれた4つのマス（2×2）の中には，1, 2, 3, 4の数字が必ず1つずつ入る。縦・横に並ぶ4つのマスの中にも，1, 2, 3, 4の数字が必ず1つずつ入る。からっぽのマスの中に，1, 2, 3, 4のどれか1つ数字を入れよう。

（解答は283ページ）

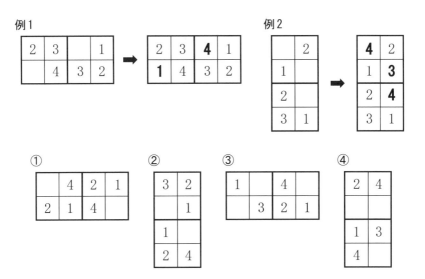

マスが広がると，ほんの少し立ち止まって考える時間が長くなる。頭をストレッチするには，考える時間が大切だ。

次は，もっとマスを広げよう。

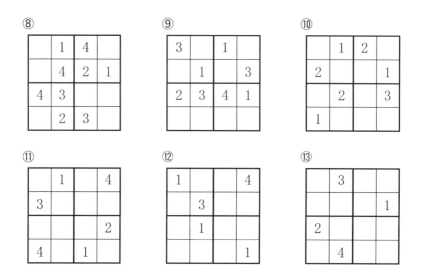

4×4の合計16マスまで広げると，考える時間が結構長くなるだろう。きっと頭は，かなりほぐれているはずだ。

これを9×9の合計81マスまで広げ，入れる数字も1から9までの9つとすると，「数独」や「ナンプレ（ナンバープレース）」と呼ばれる数字パズルになる。

これらのパズルは，日々新作が発表され，愛好家が世界中にたくさんいる。パズルは，国境を越えて人々を魅了するのだ。

このパズルの楽しさをそのまま活かし，解きやすく，作りやすいミニ・サイズに整え直したのが，ここで紹介した「**4マス数独**」である。子どもから大人まで，数字を使った遊びとしても，パズルの入門編としても，重宝する一品である。

[鈴木秀彰]

ふしぎな計算《フィーバー計算》

　まずは《足し算版》をやってみよう。「なぜ？？」簡単な１年生の計算があなたを熱狂（フィーバー）させてしまう。

【やり方】

①	8	6	1	9	5	2	4	3	7	0	0から9の数字を入れる
②	4	4	4	4	4	4	4	4	4	4	同じ数字を②
③	2	0	5	3							①+②を③へ 8+4=12は「2」
④	6	4	9								②+③を④へ 1の位だけ
⑤	8	4									③+④を⑤へ
⑥	4										2つの足し算を繰り返す
⑦	2										2種類の数になった？
⑧											⑥+⑦を⑧へ
⑨											続けていきましょう
⑩											
⑪											
⑫											2種類の数になった？
⑬											
⑭											
⑮											
⑯											
⑰											フィーバー!! OK!!

　フィーバーしなければ，それはどこか計算間違いがあります。見つけて!!

108

つぎに《引き算版》。(5−6 は 15−6 に変えて計算)

【やり方】

①	7	5	1	6	2	4	9	8	0	3	0から9の数字を入れる
②	6	6	6	6	6	6	6	6	6	6	同じ数字を②
③	1	9	5								①−②を③へ 5−6は15−6に
④	5	7									②−③を④へ 1−5は11−5に
⑤	6										③−④を⑤へ
⑥											④−⑤を⑥へ
⑦											2種類の数になった？
⑧											⑥−⑦を⑧へ
⑨											続けていきましょう
⑩											
⑪											
⑫											2種類の数になった？
⑬											
⑭											
⑮											
⑯											
⑰											フィーバー !! OK !!

フィーバーしなければ，それはどこか計算間違いがあります。見つけて!!

不思議を探してみよう。

・②の列に，違う数字を入れてみよう。どんな数字にフィーバーするだろうか？　足し算のときは？　引き算のときは？

・⑦と⑫の列は，2種類の数になる。なぜか？

・⑱と⑲の列を考えて計算していくと，どうなるか？

文字を使って説明

（足し算）

①	a
②	b
③	$a+b$
④	$a+2b$
⑤	$2a+3b$
⑥	$3a+5b$
⑦	$5a+8b$
⑧	$8a+13b \Rightarrow 8a+3b$
⑨	$13a+11b \Rightarrow 3a+b$
⑩	$11a+4b \Rightarrow a+4b$
⑪	$4a+5b$
⑫	$5a+9b$
⑬	$9a+14b \Rightarrow 9a+4b$
⑭	$14a+13b \Rightarrow 4a+3b$
⑮	$13a+7b \Rightarrow 3a+7b$
⑯	$7a+10b \Rightarrow 7a$
⑰	$10a+7b \Rightarrow 7b$

（引き算）

①	a
②	b
③	$a-b+10b \Rightarrow a+9b$
④	$-a+2b+10a \Rightarrow 9a+2b$
⑤	$2a-3b+10b \Rightarrow 2a+7b$
⑥	$-3a+5b+10a \Rightarrow 7a+5b$
⑦	$5a-8b+10b \Rightarrow 5a+2b$
⑧	$-8a+3b+10a \Rightarrow 2a+3b$
⑨	$3a-b+10b \Rightarrow 3a+9b$
⑩	$-a+4b+10a \Rightarrow 9a+4b$
⑪	$4a-5b+10b \Rightarrow 4a+5b$
⑫	$-5a+9b+10a \Rightarrow 5a+9b$
⑬	$9a-4b+10b \Rightarrow 9a+6b$
⑭	$-4a+3b+10a \Rightarrow 6a+3b$
⑮	$3a-7b+10b \Rightarrow 3a+3b$
⑯	$-7a+10a \Rightarrow 3a$
⑰	$-7b+10b \Rightarrow 3b$

計算して，足し算の場合はそのまま 1 の位の数字を見れば OK 。
引き算のときは，前二項の計算だけでは正の数・負の数の両方出てしまう。
負のときは，繰り下がりをさせたいので，$+10a$ や $+10b$ をして正の数にする。
どちらも，1 の位の数字を見れば OK 。足し算のときと同じになる。

　いろいろ楽しんでみていただきたい。小学 1 年生の計算も，たくさんすると結構いろんなことがわかる。「100 ます計算」では見えないものが，このフィーバー計算で見えてくるはず。

［清末幸雄］

カプレカル数の不思議

数字の面白さを楽しもう

やあ，久しぶり！

おじさん，こんにちは。

たかしおじさん　　　あつし

　この人は，ぼくのお母さんの弟で，たかしおじさん。高校の数学の先生なんだ。ときどき遊びに来ては，楽しいことを教えてくれるので，大好きなおじさんだ。

あつし「おじさん，久しぶりだね。来てくれて嬉しいよ。じつは，頼みがあるので待っていたの。今度ね，クラスでお楽しみ会があるんだけれど，そこで何か面白いことができたらと思っているんだ。何かみんなを驚かすものを教えてもらえないかな？」

たかし「うーむ，じゃあこんなのはどうかな。まず，数字を4つ思い浮かべてごらん。何でもいいよ」

あつし「考えたよ」

たかし「じゃあ，それをいってみて」

あつし「3，8，5，9」

たかし「その数字を大きい順に並べ替えてごらん」

あつし「9853だ」

たかし「次に小さい順にするんだ」

あつし「3589」

たかし「今度は，大きい数から小さい数の引き算をする」

あつし「9853－3589だから，答えは6264」

たかし「その答えの 6264 をまた大きい順に並べるんだ」

あつし「6642」

たかし「そして，また小さい順にする」

あつし「2466」

たかし「さっきみたいに，大きい数から小さい数を引き算する」

あつし「6642−2466 = 4176 が答えだ」

たかし「同じように数字の順を変えて，大きい数字引く小さい数字をする」

あつし「7641−1467 = 6174。あれっ，同じ数字だ！」

たかし「じつは，これから何回やっても同じ数字しか出てこないんだ」

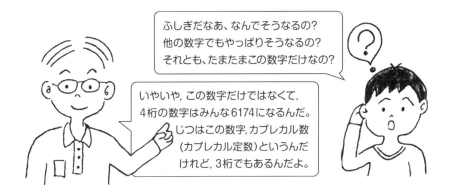

あつし「3桁の数字もやってみたい。それじゃあ，7，5，3 にしよう」

たかし「やりかたは同じ，大きい数引く小さい数だよ」

あつし「753−357 = 396。並べ替えて 963−369 = 594。954−459 = 495。並べ変えて 954，あれっ，同じ数字」

たかし「3桁の場合は，495 なんだ」

あつし「面白いね。でも，どうして**カプレカル数**というの？」

たかし「このカプレカル数のカプレカルっていうのは，この数字を発見した人の名前で，インドの数学者の名前なんだよ。

　ちょっと待って。たしか今日持っている本の中にこの人の顔が……。あった。ほら，こんな顔をしていたんだ」

1905年に生まれ，
1986年に亡くなっている。
本名は難しいけど，
ダッタトレヤ・ラマチャンドラ・カプレカル
（カプレカール）という名前だよ。
1949年にこの6174を発見したんだ。
これはカプレカル数（カプレカル定数）と
いわれるもので，4桁の場合，
最大で7回計算するとこの6174になるんだ。

Dattatreya Ramachandra Kaprekar
ダッタトレヤ　　　ラマチャンドラ　　カプレカル

あつし「4桁と3桁はわかったけれど，他の桁でもあるのかな？」
たかし「ぼくはあまり詳しくはないけど，わかっているのは，6桁では549945
と631764，8桁で63317664と97508421があって，5桁と7桁にはないんだ」

よーし，ここまで聞けばもう大丈夫だ。
あとは，計算を間違えないようにすればいい。
そのためには，少しいろんな数字でやってみるよ。
おじさん，今日はありがとう。
これでお楽しみ会も，ばっちりだ！

たかし「ひとつ気を付けなくちゃいけないのは，数字をみんな同じにしないこ
と。たとえば，5，5，5，5だと，大きい数も小さい数も同じだから，引くと0
になってしまうからね」
あつし「わかった。最初にそのことを説明してから数字を選んでもらうことに
する」

［村田雅秀］

4-4　昔むかしその昔のカズ

　私たちが普通に使っている「5423」（五千四百二十三）のようなインド・アラビア数字は，昔から使われていたわけではない。それ以前には，いったいどのような記数法があったのだろうか？

古代エジプトの記数法

　1799 年エジプトのナイル川河口のロゼッタで，フランスの遠征軍によって古代エジプトの石碑が発見された。石碑には，ものの形をかたどった象形文字が使われ，その解読によって紀元前 1000 年から 3000 年に及ぶ古代エジプトの歴史などが明らかにされた。その数字も次のような象形文字で表されていた。

| 1 | 10 | 100 | 1000 | 10000 | 100000 | 1000000 | 10000000 |

　これらの象形文字は，｜が 10 個集まると ∩ となり，∩ が 10 個集まると ℰ となるように，1 つの記号が 10 個集まるたびに新しい記号が用いられる十進法が使われていた。

【例】　𝄞𝄞ℰℰℰ∩∩∥∥∥∥ は，書いてある数字を全部足して 2354。エジプト数字は，加法的な記数法である。

【問題 1】 　を，現在のインド・アラビア数字で表せ。

【問題 2】 　次の数を古代エジプトの記数法で表せ。
　　(1)　1223　　　　(2)　702

（問題 1，問題 2 の解答は 283 ページ）

ローマの記数法

時計の文字などでなじみのあるローマ数字は，紀元前8世紀頃に栄えた古代ローマで使用されはじめたといわれている。主なものは次の通りである。

I Ⅱ Ⅲ Ⅳ Ⅴ Ⅵ Ⅶ Ⅷ Ⅸ Ⅹ L C D M

1 2 3 4 5 6 7 8 9 10 50 100 500 1000

ローマ数字による記数法は，エジプト数字と同じ加法的であるが，十進法に加え，5個集まると新しい記号（副単位）を用いる方法が組み合わされている。さらに，4＝5−1として，Ⅴの左にⅠを書くⅣの記法も使われている。

【例】 (1) Ⅶは，Ⅴ＋Ⅱで，5＋2＝7を表す。

(2) LⅩⅩⅤは，L＋Ⅹ＋Ⅹ＋Ⅴで，50＋10＋10＋5＝75を表す。

(3) MMCDⅩⅨは，M＋M＋（D−C）＋Ⅹ＋（Ⅹ−Ⅰ）で，
1000＋1000＋（500−100）＋10＋（10−1）＝2419を表す。

【問題3】 次の数をローマ数字で表せ。

(1) 815 (2) 1217 （解答は284ページ）

中国の記数法

中国の記数法にはいくつか種類があるが，いずれも十進法に基づいている。このなかの算木^{さんぎ}による記数法は，5を副単位に持ち，紀元前2世紀頃から使われていたといわれている。中国式算板^{さんばん}の上で算木を動かして計算したことからこの名がつけられた。算木数字には，縦と横の2種類の数字があった。

【例】 72053は，縦と横を交互に使って，次のように巧妙に表している。

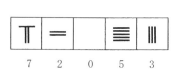

一	二	三	亖	亖	⊥	⊥	⊥	⊥
1	2	3	4	5	6	7	8	9
Ⅰ	Ⅱ	Ⅲ	Ⅲ	Ⅲ	T	T	T	T
1	2	3	4	5	6	7	8	9

7 2 0 5 3

中国の影響を受けていた日本も，江戸時代の和算で算木を用いていた。

マヤの記数法

　紀元前 400 年頃の古い時代から，神官たちが暦のために用いたのがマヤの記
数法である。この記数法に必要な記号は，小石を表す丸印が 1，小枝の棒は 5，
カタツムリの殻に似た形が 0 の，たった 3 種類である。

　また，棒の 4 個を次の桁とする二十進法（五-四進法）を基本として，次は
18 個で桁を上げ，以後はまた 20 個ずつまとめる複式である。

【例】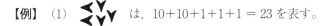 は，$1 \times (20 \cdot 18 \cdot 20) + 13 \times (18 \cdot 20) + 5 \times 20 + 0$ で，7200
$+ 4680 + 100 + 0 = 11980$ を表す。乗法的要素が現れている。

バビロニアの記数法

　バビロニアの場合も，遺跡の発掘から粘土板に刻まれたクサビ形の楔形文字
が解読されて古代メソポタニア文明が栄えていたことが明らかにされた。バビ
ロニアの数字は楔形文字で，1 の記号　　　を 9 個まで使い，十の記号
は 5 個までで，6 個になると上の位に上げる方式（十-六進法の 60 進法）で，
向きを変えて区別した。60 も　　　で表し，単独では 1 と区別がつかない。

【例】　（1）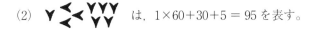 は，$10 + 10 + 1 + 1 + 1 = 23$ を表す。

　　　　（2）　　　　　　　　　　は，$1 \times 60 + 30 + 5 = 95$ を表す。

　私たちが普段利用するインド・アラビア数字は，0〜9 のたった 10 個の数字
で数を簡潔に表し，数字による計算を可能にしたことに大きな特徴がある。こ
こには，同じ数字でも置く位置に応じてその大きさを表す「位置の原理」が使
われており，他の記数法にはない「0 の発見」が必要であった。この記数法が
理解され活用されるまでには，かなり長い時間を要している。

［伊禮三之］

【問題 1】$\frac{1}{2}$m$+\frac{1}{4}$m$+\frac{1}{8}$m$+$……は，どのような長さでしょう？

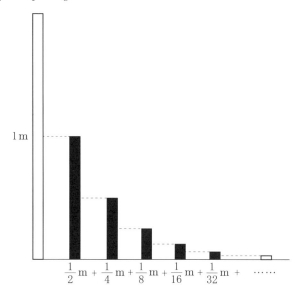

$\frac{1}{2}$m, $\frac{1}{4}$m, $\frac{1}{8}$m, ……は，どんどん半分になり，どんどん短くなる。どんどん短くなる長さを，どんどん，どこまでも足していこう。全体は，どんどん，どんどん，どこまでも長くなるだろうか。塵も積もれば，どこまでも大きな山となるだろうか。

　長さをやめて，面積で考えよう。次ページの図のように，面積 $1\,\mathrm{m}^2$ の正方形がある。どんどん半分にした面積 $\frac{1}{2}\mathrm{m}^2$, $\frac{1}{4}\mathrm{m}^2$, $\frac{1}{8}\mathrm{m}^2$, ……の長方形（2 回半分

にするごとに正方形でもある）を，重ならないように，どんどん，どんどん，どこまでも描いていこう。

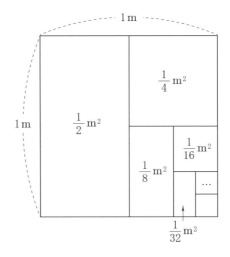

どんどん半分にすると，面積はどんどん，どこまでも小さくなる。しかし，どこまで描いても，面積 $1\,\mathrm{m}^2$ の正方形からはみ出すことはない。

$\frac{1}{2}\mathrm{m}^2+\frac{1}{4}\mathrm{m}^2+\frac{1}{8}\mathrm{m}^2+\cdots\cdots$ は $1\,\mathrm{m}^2$ より大きくならない。$\frac{1}{2}\mathrm{m}+\frac{1}{4}\mathrm{m}+\frac{1}{8}\mathrm{m}+$ $\cdots\cdots$ は $1\,\mathrm{m}$ より長くならない。塵も積もれど，せいぜい $1\,\mathrm{m}$ の山だ。

$\frac{1}{2}\mathrm{m}+\frac{1}{4}\mathrm{m}+\frac{1}{8}\mathrm{m}+\cdots\cdots$ は少しずつ長くなり，でも $1\,\mathrm{m}$ より長くならない。少しずつ，少しずつ，どこまでも $1\,\mathrm{m}$ に近づいてゆく。これはほぼ $1\,\mathrm{m}$ だ。$1\,\mathrm{m}$ だといってもほぼ間違いではないだろう。だったらちょうど $1\,\mathrm{m}$ でいいことにしようか。——え，だめかい？

少しずつ長くなり $1\,\mathrm{m}$ に近づき，でも，$1\,\mathrm{m}$ より大きくならない長さ。この不思議な長さのことは，これからも，少しずつ，ゆっくりと考えていこう。

1つ1つがどんどん，どこまでも小さくなる長さを，どんどん，どんどん，どこまでも足したらどうなるか。次の問題も考えてみよう。

118

【問題 2】 (1) $\dfrac{1}{1\times2}\text{m}+\dfrac{1}{2\times3}\text{m}+\dfrac{1}{3\times4}\text{m}+\dfrac{1}{4\times5}\text{m}+\cdots\cdots$

(2) $\dfrac{1}{2}\text{m}+\dfrac{1}{3}\text{m}+\dfrac{1}{4}\text{m}+\dfrac{1}{5}\text{m}+\dfrac{1}{6}\text{m}+\dfrac{1}{7}\text{m}+\dfrac{1}{8}\text{m}+\cdots\cdots$

【解答】

(1) $\dfrac{1}{1\times2}\text{m}+\dfrac{1}{2\times3}\text{m}+\dfrac{1}{3\times4}\text{m}+\dfrac{1}{4\times5}\text{m}+\cdots\cdots$

$=\left(\dfrac{1}{1}-\dfrac{1}{2}\right)\text{m}+\left(\dfrac{1}{2}-\dfrac{1}{3}\right)\text{m}+\left(\dfrac{1}{3}-\dfrac{1}{4}\right)\text{m}+\left(\dfrac{1}{4}-\dfrac{1}{5}\right)\text{m}+\cdots\cdots$

$=\dfrac{1}{1}\text{m}+\left(-\dfrac{1}{2}+\dfrac{1}{2}\right)\text{m}+\left(-\dfrac{1}{3}+\dfrac{1}{3}\right)\text{m}+\left(-\dfrac{1}{4}+\dfrac{1}{4}\right)\text{m}+\left(-\dfrac{1}{5}\cdots\cdots\right.$

$=1\text{m}-\cdots\cdots$

これは 1 m だろうか。それともやはり，ほぼ 1 m の不思議な長さだろうか。どちらにしても，塵は積もれどせいぜい 1 m の山，だ。

(2) $\dfrac{1}{2}\text{m}+\dfrac{1}{3}\text{m}+\dfrac{1}{4}\text{m}+\dfrac{1}{5}\text{m}+\dfrac{1}{6}\text{m}+\dfrac{1}{7}\text{m}+\dfrac{1}{8}\text{m}+\cdots\cdots$（☆）は，

$\dfrac{1}{2}\text{m}+\dfrac{1}{4}\text{m}+\dfrac{1}{4}\text{m}+\dfrac{1}{8}\text{m}+\dfrac{1}{8}\text{m}+\dfrac{1}{8}\text{m}+\dfrac{1}{8}\text{m}+\cdots\cdots$ より長い。

つまり，$\dfrac{1}{2}\text{m}+\dfrac{1}{3}\text{m}+\dfrac{1}{4}\text{m}+\dfrac{1}{5}\text{m}+\dfrac{1}{6}\text{m}+\dfrac{1}{7}\text{m}+\dfrac{1}{8}\text{m}+\cdots\cdots$

$>\dfrac{1}{2}\text{m}+\dfrac{1}{4}\text{m}+\dfrac{1}{4}\text{m}+\dfrac{1}{8}\text{m}+\dfrac{1}{8}\text{m}+\dfrac{1}{8}\text{m}+\dfrac{1}{8}\text{m}+\cdots\cdots$

$=\dfrac{1}{2}\text{m}+\left(\dfrac{1}{4}\text{m}+\dfrac{1}{4}\text{m}\right)+\left(\dfrac{1}{8}\text{m}+\dfrac{1}{8}\text{m}+\dfrac{1}{8}\text{m}+\dfrac{1}{8}\text{m}\right)+\cdots\cdots$

$=\dfrac{1}{2}\text{m}+\dfrac{1}{2}\text{m}+\dfrac{1}{2}\text{m}+\cdots\cdots$

$\dfrac{1}{2}\text{m}+\dfrac{1}{2}\text{m}+\dfrac{1}{2}\text{m}+\cdots\cdots$は，どこまでも長くなる。それより長い（☆）も，どこまでも長くなる。塵も積もれば無限の山となる，だ。

（関連する 3-4「1 に一番近い数」（本書 85 ページ）もご覧ください）　　　　　[高橋哲男]

4-6 ONとOFFの世界で

数あてカードを使って，あなたの思い浮かべた数字を当てよう。ただし15までの数。

まず，1から15までの数から，1つ選んで決める。下の4枚のカードを見て，あなたの思い浮かべた数字が書いてあるカードを相手に教える。

たとえば，AとDだとすると……，

A

1	3	5	7
9	11	13	15

B

2	3	6	7
10	11	14	15

C

4	5	6	7
12	13	14	15

D

8	9	10	11
12	13	14	15

あなたの思い浮かべた数字は，ずばり9である。

【問題1】 どうやって相手の思い浮かべた数字を当てることができるのか？

（解答は284ページ）

数あてカードのしくみを考えよう。

1 g, 2 g, 4 g, 8 g の分銅がそれぞれ 1 個ずつある。これらを使って 1 g から 15 g までを量る。分銅を使うときは 1 を, 使わなければ 0 を表に書いていく。

分銅 \ 重さ	8 g	4 g	2 g	1 g
1 g				1
2 g			1	0
3 g			1	1
4 g		1	0	0
5 g		1	0	1
6 g		1	1	0
7 g		1	1	1
8 g	1	0	0	0
9 g	1	0	0	1
10 g	1	0	1	0
11 g	1	0	1	1
12 g	1	1	0	0
13 g	1	1	0	1
14 g	1	1	1	0
15 g	1	1	1	1

1 g を使う重さ（数）は全部で 8 個ある。それが A のカードの数となる。

つまり, A のカードの数字は 1 g を使い, B のカードの数字は 2 g を使い, C のカードの数字は 4 g を使い, D のカードの数字は 8 g を使うということである。

初めの例で, A と D に思い浮かべた数があるということは, 1 g と 8 g で量れる重さ（数）で,

$$1 g + 8 g = 9 g$$

ということになる。

【問題 2】 もっと大きな数あてをするなら, 8 g の次の分銅は何 g にすればよいか？

9 g は 8 g が 1 個, 4 g が 0 個, 2 g が 0 個, 1 g が 1 個で量れる。g や個をはぶくと 9 = 1001 となる。左辺の 9 は日頃使っている数で 10 進法である。10 進法は, 10 ずつ束ねて次の位にくり上げていく。使う数字は 0〜9 の 10 種類。

右辺の 1001 は 2 進法で, 2 ずつ束ねてくり上げていく。

1 の位 ⟶ 2 の位 ⟶ 4 の位 ⟶ 8 の位
　　　　×2　　　　　×2　　　　　×2

2 進法は桁数が多くなって不便だが, 数字は 1 と 0 の 2 種類しか使わない。1 と 0 とは, ON か OFF か, 回路に電流が流れているか流れていないかのどちらかだ。

そこで, コンピュータでは 2 進法が使われている。私たちが 10 進法で入力した数字などを瞬時に 2 進法に変換して計算し, また 10 進法に直して出力しているのだ。

【工作】　31 までの数あてカードを作ろう。

A

1	3	5	7
9	11	13	15
17	19	21	23
25	27	29	31

B

2	3	6	7
10	11	14	15
18	19	22	23
26	27	30	31

C

4	5	6	7
12	13	14	15
20	21	22	23
28	29	30	31

D

8	9	10	11
12	13	14	15
24	25	26	27
28	29	30	31

E

16	17	18	19
20	21	22	23
24	25	26	27
28	29	30	31

コピーして、切り取り
ためしてみよう

［金城文子］

5

不確かなことを楽しむ

5-1 98と2が釣り合う不思議な世界

ジニ係数のはなし

あなたの1ヵ月のおこづかいの金額は？

「1ヵ月のおこづかいが2万円」と聞いて，世のお父さんの話なら「少なすぎる！」と共感してもらえるはずだ。ただ，これが高校生の話となると「えっ？」となってしまう。ネタ元はある高校の40人のクラスの話らしい。

高額な3人が突出しているため，平均が不自然に引き上げられていることが右表から分かる。御曹司やご令嬢が登場するドラマの世界なら，30万円でもまだショボいのか

金額	人数
3,000 円	10 人
5,000 円	24 人
1 万円	2 人
3 万円	1 人
10 万円	1 人
20 万円	1 人
30 万円	1 人
計	40 人

もしれない。でも，庶民的な心情からすると「世の中，不平等だ！」と叫びたくなる。この感覚を数値化できないだろうか？

98と2が釣り合う？

これが世界情勢の話となると，ジョークでは済まされないほど深刻だ。「98と2が釣り合う不思議な世界」とは，「世界の上位2％の富裕層がすべての富の半分を独占している」という不均衡を表したイビツな現実のことなのだ。

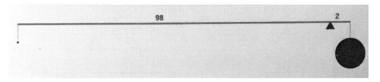

上の写真は，文字通り98％が所有する富と2％が所有する富が天びんのように釣り合う様子を表している。一説によると，この格差はもっと広がっているとの見方もある。ここで，社会における富の不均衡さを測る指標「ジニ係数」を紹介する。

ジニ係数を計算しよう

2001 年発売の『世界がもし 100 人の村だったら』（池田香代子，C. ダグラス・ラミス再話）という本が話題になった。この中にある「すべての富のうち 6 人が 59％を持っていて，みんなアメリカ合衆国の人です。74 人が 39％を，20 人がたったの 2％を分けあっています」という例で考えてみよう。

下のようにプア，ミドル，リッチの 3 つのクラス順に表にまとめる。累積度数はそのクラス以下の度数の和，相対度数は全体に対する度数の比率である。

	人	富	人の累積度数(X)	富の累積度数(Y)	Xの相対度数(x)	Yの相対度数(y)
プア	20	2	20	2	0.2	0.02
ミドル	74	39	94	41	0.94	0.41
リッチ	6	59	100	100	1	1
計	100	100				

この表をもとに，原点から出発し，点 (x, y) をプロットして順に結んでいく。もし富の分配が完全に平等な場合は，斜め 45° の直線となるはずなので，この折れ線が垂れ下がっているほど不均衡の度合いが高いと考えられる。つまり弓形の四角形 OABC の面積が大きいほど不均衡であると考える（下図参照）。

一般に，ジニ係数は次の計算で求める。

$$(\text{ジニ係数}) = \frac{(\text{弓形の面積})}{(\text{直角三角形の面積})} = 2 \times (\text{弓形の面積})$$

右図の①，②，③の面積は，三角形と台形の面積公式より

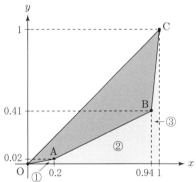

① $= 0.02 \times 0.2 \div 2 = 0.002$

② $= (0.02 + 0.41) \times (0.94 - 0.2) \div 2$
  $= 0.1591$

③ $= (0.41 + 1) \times (1 - 0.94) \div 2$
  $= 0.0423$

となる。よってジニ係数 G は，

$G = 2 \times (\text{四角形OABC})$
  $= 2 \times \{0.5 - (① + ② + ③)\} = 0.5932$

である。

　ジニ係数は，0.4が社会騒乱の警戒ライン，0.6が危険ラインといわれている。一方，この係数は不均衡の質的な原因については何も語っていないことに注意が必要だ。上の例では，2001年段階でのジニ係数が0.59で危険ライン直前である。現在はさらに不均衡が進行していると思われる。困ったことだ。

ある高校の40人のデータ，再び

　初めに書いた「ある高校40人のデータ」のおこづかいの総額は800,000（円）なので，平均値は800,000（円）÷40（人）＝20,000（円）と計算できる。悪用は禁物だが，おこづかいアップの交渉用データとしてはウッテツケである。

　ちなみに，高額な3人を除いた37人で平均値をあらためて求めてみると，200,000（円）÷37（人）≒5405（円）。こちらのほうがより現実的な数字だから，何となくナットクしてしまいそうだ。だからといって，都合よく勝手にデータを抜いてしまう行為には注意が必要だ。高額の3人を除いてしまっては，おこづかい不均衡の実態に目をつぶってしまうことになるからだ。

　このクラスのおこづかいのジニ係数を計算すると，なんと0.74となる。クラスの争乱がリアルに危惧される状態である。おそらくこのデータは統計学習用のダミーのデータであろう。それでも，娘さんを論破するのではなく，騙されたふりをして，おこづかいをアップするのもカッコイイと思うのだが，どうだろう。

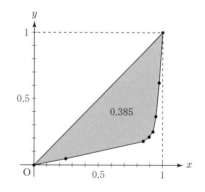

【問題】 98と2が釣り合う貧富のモデルで，右のような人と富との累積相対度数の表を作った。このモデルのジニ係数を求めよ。　　　（解答は284ページ）

	人	富	人の累積度数(X)	富の累積度数(Y)	Xの相対度数(x)	Yの相対度数(y)
プア	98	50	98	50	0.98	0.5
リッチ	2	50	100	100	1	1
計	100	100				

［中野　明］

5-2　パスカルと賭博師

　17世紀ヨーロッパの貴族たちは，領地を管理
したり，戦争に出かけたり，宴会や賭け事で遊ん
だりしていた。賭け事ではカードやサイコロなど
が利用されていた。フランスの軍人で才智あるシ
ュヴァリエ・ド・メレもその1人であったが，あ
るとき彼は知り合いの数学者パスカルに次のような問いかけをした。

> 　力の同じ太郎と次郎がある勝負をして，先に3勝したほうを勝ちとする。
> ところが，太郎が1勝，次郎が0勝の時点で勝負を中断する事情が生じた。
> このとき賭け金はどのように分配すればよいか。ただし，太郎と次郎の力
> は互角で，勝負ごとに，どちらが勝つかは五分五分だと仮定する。

　パスカルは興味をもってこの問題を研究した。友人の数学者フェルマーとも
この問題について手紙のやり取りをした。そしてパスカルは次のような解法を
見つけた。
　皆さんもパスカルになったつもりで，以下の空欄を埋めながら，パスカルの
考えをたどってほしい。

パスカルの解法

　太郎と次郎が32ピストル（ピストルは金貨の単位）ずつ賭け金を出して勝
負をして，先に3勝したほうが賭け金の総額64ピストルをもらえるとしよう。
(1) まず太郎が2勝，次郎が1勝の時点で中断する場合を考える。

　　次の勝負で太郎が勝つ

　　　　→　太郎は3勝で賭金 ① ┃　　　　　┃ ピストルすべてをもらえる。

　　次の勝負で次郎が勝つ

      →　2勝2敗で対等になり，賭金は等分で，太郎は ② ピスト
ルをもらえる。

つまり，太郎は次の勝負で

勝つ → ① ピストル，　　負ける → ② ピストル

だから，平均して $\dfrac{①+②}{2}$ = ③ ピストルもらえる。

（空欄の答え：① 64　② 32　③ 48）

(2) 次に，太郎が2勝，次郎が0勝の時点で中断する場合を考える。

次の勝負で太郎が勝つ

      →　太郎は3勝で，賭金 ④ ピストルすべてをもらえる。

次の勝負で次郎が勝つ

      →　2勝1敗で，このときは (1) の結果から，
太郎は ⑤ ピストルもらえる。

つまり，太郎は次の勝負で

勝つ → ④ ピストル，　　負ける → ⑤ ピストル

だから，平均して $\dfrac{④+⑤}{2}$ = ⑥ ピストルもらえる。

(3) 最後にメレの疑問，太郎が1勝，次郎が0勝の時点で中断する場合。

次の勝負で太郎が勝つ　→　2勝0敗で，このときは (2) の結果から，
太郎は ⑦ ピストルもらえる。

次の勝負で次郎が勝つ　→　1勝1敗で対等になり，このとき太郎は
⑧ ピストルもらえる。

つまり，太郎は次の勝負で

勝つ → ⑦ ピストル，　　負ける → ⑧ ピストル

だから，平均して $\dfrac{⑦+⑧}{2}$ = ⑨ ピストルもらえる。

こうして，メレの問いに対する答えは，太郎44ピストル，次郎20ピストル
で，賭け金を 11：5 の比率で分配すればよい。

（空欄の答え：④ 64　⑤ 48　⑥ 56　⑦ 56　⑧ 32　⑨ 44）

フェルマーの解法

パスカルから相談を受けたフェルマーは別の方法で解いた。

太郎が1勝, 次郎が0勝の場合, 残りの試合数は最大でも4回で決着がつく。太郎が勝つ場合を ○, 負ける場合を × で表すと, すべての場合は

○○○○, ○○○×, ○○×○, ○×○○, ×○○○, ○○××,

○×○×, ○××○, ×○○×, ×○×○, ××○○, ○×××,

×○××, ××○×, ×××○, ××××

太郎が勝つのは2勝以上の場合で11通り, 次郎が勝つのは5通りとなるから,

$$太郎は \frac{11}{16} \times 64 = 44 \text{ピストル}, \quad 次郎は \frac{5}{16} \times 64 = 20 \text{ピストル}$$

として, パスカルと同じ結論となった。

フェルマーと答えが一致したことでパスカルは自分の解法に確信をもち, さらに一般化して, 勝つまでに太郎はあと m 勝が必要で, 次郎は n 勝が必要な場合の公式も導いた。このときパスカルは, のちに**パスカルの三角形**といわれるようになった次の表

1	1	1	1	1	1	1	1	1	1	……
1	2	3	4	5	6	7	8	9	……	
1	3	6	10	15	21	28	36			
1	4	10	20	35	56	84				
1	5	15	35	70	126					
1	6	21	56	126						
1	7	28	84							
1	8	36								
1	9									
1										

を利用した。この表ではある位置の数はその真上の数と左隣の数の和として得られる。この問題を解決する過程で, パスカルは現代の組合せの公式も導いた。

こうして, サイコロ振りのような偶然の現象を数学の力で分析する確率論が始まったのである。　　　　　　　　　　　　　　　　　　　　　　　[近藤年示]

5-3 ポーカーの確率

　ポーカーの遊び方はたくさんあるが，ここではドロー・ポーカーを紹介する。
　ジョーカーを除く 52 枚のカードを 1 人につき 5 枚となるように配る。残ったカードは場の中央に置く。まず，この 5 枚で作られる「役」を確認する。役とは，次ページの表にあるようなカードの組み合わせで，できる確率の低いほうが強いことになっている。
　次に，作戦を立てて不要なカードを捨てて，同じ枚数のカードを中央からもらう。そうしてできた役で一番強い役を得た人が勝ちとなる（この作業を 2 回以上行う遊び方もある）。
　また，面白さを高めるために，チップを用いてセリにかける遊び方がある。はじめに配られた段階で，親から順にチップを賭けてゆき，

　　勝負から降りる／賭け金をパスする／右の人と同じ数のチップを賭ける／
　　右の人よりチップを増やして賭ける

の 4 つのどれか選択をする。次に，各自考えた枚数のカードを捨てて，同数のカードを得る。この段階で再びセリにかける。そしてセリに残った人どうしで勝負する。他の人がセリから降りてしまえば，自動的に勝者となる。セリを有利に進めるために，顔の表情や仕草で役がわからないようにするので「ポーカー・フェイス」という言葉が生まれたとのこと。
　確率は，ものごとの起こりやすさを数値で表している。ワンペアは 42 ％以上なので，比較的出やすい役だけれど，ストレートフラッシュは約 0.0014 ％なので，めったにお目にかかれない。

●確率の求め方

　まずは場合の数の求め方から。52 枚のカードから 5 枚選んで並べると，「積のルール」により 52 × 51 × 50 × 49 × 48 通りの可能性がある。この中で，

役	例	確率
ロイヤルストレート フラッシュ	♠A ♠J ♠Q ♠K ♠10	$4/2598960 = 1/649740$ ≈ 0.0000015
ストレートフラッシュ	♡2 ♡3 ♡4 ♡5 ♡6	$36/2598960 \approx 0.0000139$
フォーカード	♠5 ♡5 ◇5 ♣5 ♡J	$624/2598960 \approx 0.00024$
フルハウス	♠5 ♡5 ◇5 ♠Q ♡Q	$3744/2598960 \approx 0.00144$
フラッシュ	♡2 ♡5 ♡6 ♡J ♡Q	$5108/2598960 \approx 0.002$
ストレート	♡2 ♣3 ◇4 ♠5 ♡6	$10200/2598960 \approx 0.0039$
スリーカード	♠5 ♡5 ◇5 ♠10 ♡J	$54912/2598960 \approx 0.021$
ツーペア	♠5 ♡5 ♠10 ◇10 ♡Q	$123552/2598960 \approx 0.048$
ワンペア	♠5 ♡5 ♠9 ♠10 ♠K	$1098240/2598960 \approx 0.423$

順番を入れ替えた 12345，12354，……，54321 などはすべて同じ内容だから区別しないので，5 枚の並べ方の数 $5 \times 4 \times 3 \times 2 \times 1$ で割って，52 枚のカードから 5 枚選ぶ選び方の数は

$$\frac{52 \times 51 \times 50 \times 49 \times 48}{5 \times 4 \times 3 \times 2 \times 1} = 2598960 \text{ 通り}$$

となる。これを $_{52}C_5$ と表す。

では，フルハウスの確率を求めてみよう。フルハウスとなるのは，333QQ のように 5 枚のうち 3 枚が同じ数字で，残り 2 枚は別の同じ数字となる場合だから，$_{13}C_1 \times _4C_3 \times _{12}C_1 \times _4C_2$ 通りの可能性があり，これを全体の場合の数で割って確率は $_{13}C_1 \times _4C_3 \times _{12}C_1 \times _4C_2/_{52}C_5 = 3744/2598960 \approx 0.00144$ となる。

132

●条件付き確率

次に，最初の役が 5 のワンペア 55JQK のとき，JQK の 3 枚を交換して，より強い役となる確率を求めてみよう。

フォーカードとなるのは，55557 などのように，5 のカード 2 枚と残りの $52-5-2 = 45$枚 から 1 枚引く場合だから，確率は

$$_2C_2 \times {}_{45}C_1/{}_{47}C_3 = 45/16215 \approx 0.0028$$

フルハウスとなるのは次の 4 つの場合で，確率は次の通り。

・555JJ のように，5 を 1 枚，捨てた残りの JQK のうち同じもの 2 枚を引く，

・55577 のように，5 を 1 枚と 5JQK 以外 9 種の数字から同じもの 2 枚を引く，

・55JJJ のように，JQK のうちから同じものを 3 枚引く，

・55777 のように，5JQK 以外の数字を 3 枚引く，

のどれかだから，確率は

$$({}_2C_1 \times {}_3C_1 \times {}_3C_2 + {}_2C_1 \times {}_9C_1 \times {}_4C_2 + {}_3C_1 \times {}_3C_3 + {}_9C_1 \times {}_4C_3)/{}_{47}C_3 = 165/16215$$

スリーカードとなるのは次の 3 つの場合で，確率は次の通り。

・555JQ のように，5 を 1 枚，捨てた数字を 2 種引く，

・555J7 のように，5 を 1 枚，捨てた数字 1 種と残りの数字 1 種を引く，

・55578 のように，5 を 1 枚，捨てた数字以外の 2 種の数字を引く。

$$({}_2C_1 \times {}_3C_2 \times {}_3C_1 \times {}_3C_1 + {}_2C_1 \times {}_3C_1 \times {}_3C_1 \times {}_9C_1 \times {}_4C_1 + {}_2C_1 \times {}_9C_2 \times {}_4C_1 \times {}_4C_1)/{}_{47}C_3$$
$$= 1854/16215$$

ツーペアとなるのは次の 3 つの場合で，確率は次の通り。

・55JJ8 のように，捨てたカードと同じ種類から 2 枚引く，

・55J77 のように，JQK から 1 枚とそれ以外の同じ数字から 2 枚引く，

・55778 のように，5JQK 以外からもう 1 つのペアと残り 1 枚を引く。

$$({}_3C_1 \times {}_3C_2 \times {}_{42}C_1 + {}_3C_1 \times {}_3C_1 \times {}_9C_1 \times {}_4C_2 + {}_9C_1 \times {}_4C_2 \times {}_8C_1 \times {}_4C_1)/{}_{47}C_3 = 2592/16215$$

したがって，55JQK のワンペアから JQK の 3 枚を交換して，もっと強い役になる確率は $4656/16215 \approx 0.287$ となる。

上の確率は「条件付き確率」と呼ばれているが，ここでは場の中央の札と他のプレイヤーに配った札を含め交換できると考えて計算している。したがって実際はもう少し複雑になる。

[黒崎貞雄]

取り替える？　取り替えない？

モンティ・ホールのジレンマ

オーナーの手元に♥，♠，♣の3枚のカードがある。♥はあたり，♠と♣はハズレ。

あなたは，机に伏せられた3枚のカードから，1枚のカードを選ぶ。ただし，選ぶだけで，まだ見ない。またオーナーの手元には2枚のカードが残っている。

あなたが選んだカード

オーナーの手元に残ったカード

オーナーはここで，この2枚のうちハズレているカード1枚をオープンする。

さて，ここで問題。

このとき，あなたには1度だけ，最初に選んだカードとオーナーの手元に残った，オープンされていないカードを交換する権利がある。あたりを引くために，あなたは，カードを交換しますか？　しませんか？

134

う〜ん，悩ましい。とりあえず，3人で実験してみよう。

　1人がオーナーになって，この3枚のカードをよく切って，机に伏せて並べる。他の2人は挑戦者になって，2人で相談して1枚を選ぶ。
　オーナーは，残った2枚のカードのうち，ハズレの1枚をオープンする。挑戦者2人のうち1人はカードを決して交換しない人（つまり，最初に引いたカードを持っている人），他の1人はカードを必ず交換する人（つまり，オーナーの手元に残ったカードを自分のものとする人）になって実験してみる。
　下の表は，この実験を20回繰り返した結果である。

回	1	2	3	4	5	6	7	8	9	10	
決して交換しない人	○	×	×	×	○	○	×	○	×	×	
必ず交換する人	×	○	○	○	×	×	○	×	○	○	
回	11	12	13	14	15	16	17	18	19	20	計
決して交換しない人	○	×	×	○	×	×	×	○	×	×	7
必ず交換する人	×	○	○	×	○	○	○	×	○	○	13

　おやおや，ずいぶん差がついたね。どうやら，最初に選んだカードのままではなく，交換したほうがあたりやすい，ということがいえそうだね。
　でも，どうして？

　挑戦者がカードを1枚選んだときに，起こり得る場合を考えてみよう。3枚のカードをそれぞれ「A」，「B」，「C」，最初に選んだカードを「A」として，次のようにパターン分けしてみる。

最初に選んだカード	カードA	カードB	カードC	交換しなかったときの結果	交換したときの結果
A	あたり	ハズレ	ハズレ	あたり	ハズレ
A	ハズレ	あたり	ハズレ	ハズレ	あたり
A	ハズレ	ハズレ	あたり	ハズレ	あたり

　カードのあたりとハズレのパターンは，

　　・「カードA」があたりのとき，

　　・「カードB」があたりのとき，

　　・「カードC」があたりのとき

の3パターン。各パターンに対して，最後にカードを交換しなかったときと交換したときの結果が，表の右の2列にある。

　まずは「カードA」があたりの場合。残りのカードはどちらもハズレなので，オーナーは「カードB」か「カードC」のどちらかをオープンする。どちらがオープンされても，残ったカードもハズレなので，カードを交換しなければあたりとなる。逆に，カードを交換してしまうとハズレになる。

　次に「カードB」があたりの場合。最初に選ばなかった「カードB」と「カードC」のうち，オーナーは「カードC」をオープンする。挑戦者は手元の「カードA」と残った「カードB」との選択だが，「カードB」があたりなので，カードを交換しなければハズレ，交換すればあたりとなる。

　また「カードC」があたりの場合も，「カードB」と同様の結果となる。

　どのカードがあたりになるかは，それぞれ等しい確率で起こる。すると，カードを交換しないときは1パターンしかあたりにならないが，カードを交換したときは3パターン中2パターンがあたりとなる。

　結局，カードを交換しなかった場合はあたりとなる確率が3分の1であるのに対して，カードを交換した場合はあたりとなる確率が3分の2である。交換したほうが，あたりとなる確率が2倍も高いというわけだ。

　このカード・ゲームは，アメリカのクイズ番組の司会者モンティ・ホールの出題した問題と同じ構造をしている。いずれも一種の心理トリックになっており，正解がわかっても納得しない者が出ることから「モンティ・ホール・ジレンマ」とも呼ばれている。

［小林一久］

小さい確率は無視できるか

期待値の意味と効用

　大晦日，A商店では今年の感謝の意を込めて，先客100名に宝くじ1本をプレゼントする。賞金とくじの本数は，下の表の通りである。10000円の大当たりで喜ぶ者もいるが，大多数ははずれてがっかりするだろう。

賞金	10000円	1000円	10円	0円	計
本数	1本	5本	10本	84本	100本
確率	1/100	5/100	10/100	84/100	1

　このくじ1本当たりの賞金の平均はどれくらいだろうか？　それは，

$$\frac{賞金の合計}{宝くじの本数} = \frac{10000 \times 1 + 1000 \times 5 + 10 \times 10 + 0 \times 84}{100} = 151円$$

と計算される。一方，次のように計算すると，ちょっと違った見方ができる。

$$10000 \times \frac{1}{100} + 1000 \times \frac{5}{100} + 10 \times \frac{10}{100} + 0 \times \frac{84}{100} = 151円$$

　確率が含まれると，この額は，宝くじをひく直前の気持ち，つまりくじ1本に期待する金額になる。

【期待値の定義】

　宝くじを買う，サイコロを投げるなどの試行によって，賞金額やサイコロの目などの数値とそれに対応する確率が定まるような変数を確率変数といい，それをXで表す。確率変数Xの取りうる値とそれに対応する確率が次の表のように与えられているとき，$x_1 p_1 + x_2 p_2 + \cdots\cdots + x_n p_n$で求まる値を$X$の期待値という。

確率変数 X	x_1	x_2	……	x_n	計
確率 P	p_1	p_2	……	p_n	1

上で求めた 151 円は，A 商店の宝くじの期待値と呼ばれる。

【期待値の例：その1】　どちらが得か

近所のスーパーでは 500 円買うごとにどちらかのサービスをしてくれる。

(ⅰ) 下の表のようなくじを引く

(ⅱ) もれなく 50 円の値引

このとき，(ⅰ) と (ⅱ) ではどちらが得だろうか？

賞金	5000 円	500 円	100 円	20 円	計
確率	1/1000	9/1000	90/1000	900/1000	1

(ⅰ) の期待値を上記の定義に基づいて計算すると，

$$5000\times\frac{1}{1000}+500\times\frac{9}{1000}+100\times\frac{90}{1000}+20\times\frac{900}{1000}=36.5 \ (\text{円})$$

となるので，普通の人は (ⅱ) のほうが得と判断すると思う。でも，逆転一発をねらうギャンブラーは，あえて (ⅰ) を選ぶかもしれない。

このように，期待値を有利・不利の判断基準にすることができる。

【期待値の例：その2】　確率の逆数が期待値になるとき

均質なサイコロ 1 個を振ったとき 1 の目が出る確率は $\frac{1}{6}$，このサイコロを n 回振ったとき，1 の目が出る回数の期待値は $\frac{1}{6}\times n$ であることが知られている。たとえば，$\frac{1}{6}\times18=3$ より 18 回振れば 3 回くらい出ることがわかる。

ここで問題をひっくり返してみよう。「サイコロ 1 個を 1 の目が出るまで振り続ける。何回くらい振ればいいか？」

"期待値が 1 回" になる回数を求めればよいので，$\frac{1}{6}\times n=1$ より $n=6$，つまり，平均 6 回振ればよいことになる。

一般に，サイコロやコインのように独立な試行のとき，「確率 p の出来事が初めて起こるまで繰り返す回数の期待値は $\frac{1}{p}$（回）である」ことが示せる。

【期待値の例：その3】　キャラメルのおまけ

1 個 100 円のキャラメルを販売している G 社は最近売り上げが伸び悩み，「6 種類のサービス券のどれか 1 種類をおまけとして入れ，全部そろった人に 1500 円相当の賞品をプレゼントする」という企画を考えた。この企画は成功するだろうか？

この問題を，1個のサイコロを，1から6の目がすべて出そろうまで投げるときの回数の期待値を求める問題に翻訳して考えよう。

最初の試行で，ある目が出る確率は1，続く試行ではそれ以外の目が出る確率は $\frac{5}{6}$ なので，平均 $\frac{6}{5}$ 回振らなければならない。続く試行でも，それまでに出てない目が出る確率は $\frac{4}{6}$ なので，平均 $\frac{6}{4}$ 回振らなければならない。以下，表の通りである。

目	1つ目	2つ目	3つ目	4つ目	5つ目	6つ目
確率	1	5/6	4/6	3/6	2/6	1/6
回数	1	6/5	6/4	6/3	6/2	6

これより期待値は，下のように計算される。

$$\frac{6}{6}+\frac{6}{5}+\frac{6}{4}+\frac{6}{3}+\frac{6}{2}+\frac{6}{1}=\frac{147}{10}=14.7 \text{ 回}$$

6種類のサービス券が揃うまでに平均すると14.7個買えばよいことになる。1470円分買った人に1500円相当の賞品をプレゼントすることになるから，この企画は失敗する。

【期待値の例：その4】 小さい確率は無視できるか

東日本大震災における福島原発の処理の総額は膨らみ続け，50兆円以上かかるともいわれる。

一方，大手の損保会社では，原発の重大事故の年間発生確率を0.05％（1基当たり）と見積もっているとのこと。

この2つの数値をもとにして，原発1基の年間被害額の期待値（杞憂値？）を計算してみよう。

$$50 \text{（兆円）} \times 0.0005 = 0.025 = 250 \text{（億円）}$$

これは原発1基が年間に稼ぐ純利益を越えており，経済的にペイしない。

福島原発の事故は，小さい確率であるからといって一概に無視しないで，期待値も念頭においてモノゴトを判断する必要性を示している。

［澳 泰生］

放課後の教室にて

　太郎と花子は花の中３生，放課後教室で確率の問題に取り組んでいた。

【問題】 当たりのくじが２本，はずれのくじが３本入った袋があります。A，Bの順に１人ずつくじを１本引きます。ただし，一度引いたくじは元にもどしません。A，Bどちらが有利か。

太郎「当りくじが５本中２本しかないので，先にくじを引くAのほうが有利でしょう」

花子「そうかしら？　Aがはずれたら袋の中のはずれくじが減ってしまうので，Bのほうが有利だと思うわ」

太郎「先生は，この問題は中学レベルを越えるといっていたね。難しそうだからやめようか」

花子「ダメよ，２人で粘って考えてみましょう」

　２人は，当たりは○印，はずれは×印で表し，教わったばかりの樹形図を描いて，問題を考えることにした。

太郎「できたできた」

花子「図がゴチャゴチャしているので，場合に分けて整理してみるよ」

太郎「場合の枝の先の数は枝の数の掛け算になっているね」

花子「それぞれの場面で"起こりうる場合の数"で割るのよ。すると……」

太郎「この数は，確率を表しているね。そして……」

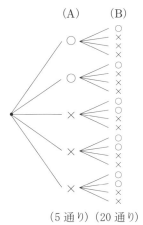

(5通り) (20通り)

花子「場合の枝の先の数は，枝の確率の掛け算になっているよ。ひょっとして私たちすごいことを見つけたかも」

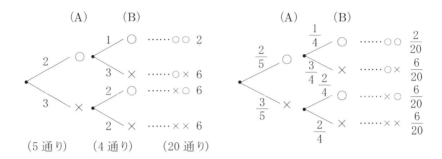

(5通り)　　(4通り)　　(20通り)

　なんと，太郎と花子は自分たちの力で「確率の乗法定理」に到達したのである。これからは"ある事柄 P が起こり，続いてある事柄 Q が起こる確率"は，

$$(P が起こる確率) \times (P が起こったとき Q が起こる確率)$$

で計算しよう。

　図のような"確率つき樹形図"があれば，2つの事柄が続いて起こる確率の計算は，枝に付与された確率の積で計算をして簡単にできる。

　「共に当たる確率」「共にはずれる確率」は，それぞれ，次のようになる。

$$\frac{2}{5} \times \frac{1}{4} = \frac{2}{20} = \frac{1}{10}, \qquad \frac{3}{5} \times \frac{2}{4} = \frac{6}{20} = \frac{3}{10}$$

　ところで，A が当たる確率は $\frac{2}{5}$ である。では，B が当たる確率は，どうなるだろうか。それは，A が当たって B が当たる場合と，A がはずれて B が当たる場合の和になるはずである。確率つき樹形図では，2つの枝の分の確率を求めればよい。

$$\frac{2}{5} \times \frac{1}{4} + \frac{3}{5} \times \frac{2}{4} = \frac{2}{20} + \frac{6}{20} = \frac{8}{20} = \frac{2}{5}$$

なんと，(Aが当たる確率) ＝ (Bが当たる確率) であることが示せた。これで太郎と花子の疑問は解消することができた。

乳がんの確率

　ある日の放課後，太郎は花子から深刻な相談をされた。

花子「先月，私のお母さんがマンモグラフィーの検査を受けたの」

太郎「乳がん検査だね，それで？」

花子「陽性だったのよ，恐れていたことが現実になったの，どうしよう」

　母の主治医は，次のことを告げたという。

　　1)　女性が乳がんになる確率は1％である。

　　2)　女性が乳がんの場合，陽性の結果がでる確率は90％である。

　　3)　女性が乳がんでない場合，それでも陽性がでる確率は9％である。

花子「母が本当に乳がんである可能性は何％かしら」

太郎「先日のように"確率つき樹形図"を作って考えてみようよ」

　この問題は，「陽性反応がでたという条件の下でホントに乳がんである確率を求める」ものである。

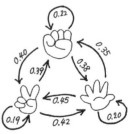

　まず，陽性反応がでる確率は，樹形図より

$$0.01 \times 0.9 + 0.99 \times 0.09 = 0.0981$$

である。乳がんにかかって，かつ陽性反応がでる確率は，樹形図より

$$0.01 \times 0.9 = 0.009$$

である。よって，陽性反応がでたという条件の下で乳がんである確率 p は，

$$p = \frac{0.009}{0.0981} = 0.0917\cdots$$

つまり，約10％程度であることがわかった。太郎は，絶望する数字ではないがさらに精密な検査が必要であることを説明した。花子は太郎の冷静な分析に感謝したのであった。

【問題】　日曜日の夕方は，テレビの中のサザエさんを相手にジャンケン・タイム。27年間分の手を記録しているマニアによれば，グー，チョキ，パーの出現頻度の分布はほぼ均等だが，手の推移確率は微妙に異なるらしい。右図の推移確率をもとに，今週，パーの手がでたとき，来週はどんな手をだしたら勝率を上げられるか考えよ。　　　（解答は284ページ）

［川西嘉之］

5-7 12人を一列に並べる

あいうぇおかきくけこさし

　　あ君，いさん，う君，……，しさんの12人が並んでいる。全員で並ぶ順番を変えて，すべての並び方をしてみようということになった。

　　さぁ～，全部で何通りあるだろうか。みんなが超人的に入れ替わり，1秒に1通りの方法で並ぶと，全部の並び方をするのにどのくらいの時間がかかる？

　　とりあえず，ねこ，いぬ，うさぎ，さ
る，きつねに頼んだ。

　　ねこ，いぬ2匹を並べると2通りだ。ねこ，いぬ，うさぎ3匹を並べると6通り，ねこ，いぬ，うさぎ，さる4匹を並べると24通りだ。

2匹を並べる
方法は2通り

3匹を並べる
方法は6通り

4匹を並べる方法は24通り

　エイ！　ねこ，いぬ，うさぎ，さる，きつね5匹だったら，120 通りだった。
疲れた。

　さて，あ君，いさん，う君，えさんの4人で並ぶ方法は何通りになるのか，
その計算方法を考えよう。
　1番目に並ぶのはあ君，いさん，う君，えさんの4通りで，その1人ずつに

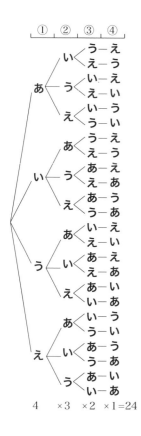

①　②　③　④

4　　×3　×2　×1＝24

ついて2番目に並ぶのは残りの3人の誰かで，3番目に並ぶのは残った2人のどちらかで，左図の樹形図のようになる。計算式は

$$4×3×2×1＝24$$

となる。4×3×2×1のことを4!と書いて「4の階乗」と呼んでいる。

　ということで，

2人を1列に並べる方法は，2!＝2×1＝2

3人を1列に並べる方法は，3!＝3×2×1＝6

4人を1列に並べる方法は，4!＝4×3×2×1＝24

5人を1列に並べる方法は，5!＝5×4×3×2×1＝120

　さて，最初の問題に戻ろう。

　あ君からしさんの12人が並ぶ方法は全部で

$$12!＝12×11×10×9×8×7×6×5×4×3×2×1$$
$$＝479001600（通り）$$

となる。相当大きい数だ！

　みんなが超人的に入れ替わり，1秒に1通りの方法で並んだとしたら，479001600秒かかる。

【問1】　479001600秒はどのくらいの時の流れかを直感で答えてから，479001600秒はどのくらいの時の流れかを計算しよう。

【問2】　4人から2人を選んで並べる方法は何通りでしょう。上の樹形図を利用して考えて。

（解答は284ページ）

［何森　仁］

6

描いてさわって
数学しよう

∞

20 個の正四面体で
正二十面体は作れるか?!

1 辺の長さが $\sqrt{2}$ の正四面体の体積は，1 辺の長さが 1 の立方体から三角錐を 4 つ取り除くと求めることができる。

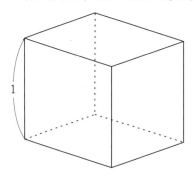
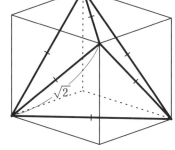

1 辺の長さ $\sqrt{2}$ の正四面体の体積は

$$1^3 - 4 \times \left(\frac{1}{3} \times 1 \times \frac{1}{2} \times 1^2 \right) = \frac{1}{3}$$

1 辺の長さ 1 の正四面体の体積は

$$\frac{1}{3} \times \left(\frac{1}{\sqrt{2}} \right)^3 = \frac{1}{6\sqrt{2}} = \frac{\sqrt{2}}{12}$$

となる。

正四面体も正二十面体も，すべての面が合同な正三角形である。そうであるならば，20 個の正四面体を使って正二十面体が作れないだろうか？

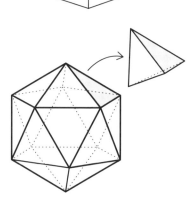

1 辺の長さを 1 とする正二十面体に外接する球の中心を O とし，O から各頂点の距離 r を調べてみよう。

正二十面体の頂点 A, B, C, D, E を結んだ図形は正五角形である。

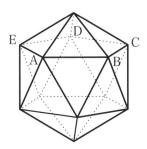 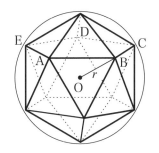

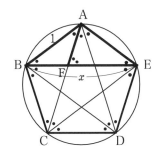

右図より $\triangle ABE \backsim \triangle FBA$。正五角形の対角線の長さを x とすると，$EA = EF = 1$ より $BF = x-1$ であるから，

$$1 : x = (x-1) : 1, \qquad x^2 - x = 1,$$

$$x^2 - x - 1 = 0, \qquad x = \frac{1 \pm \sqrt{5}}{2}$$

$x > 0$ より $x = \dfrac{1+\sqrt{5}}{2}$。

つぎに正二十面体を下図のように 2 個の正五角錐と 1 個の反角柱に分ける。

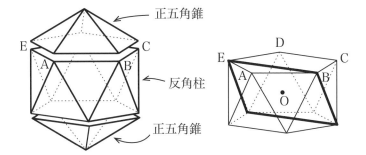

正五角錐

反角柱

正五角錐

　反角柱の図の太線の四角形は，2 組の対辺がそれぞれ等しく，対角線の交点が正二十面体の外接球の中心 O となるので，長方形である（次ページ図）。正二十面体の外接球の半径を r とすると，

$$(2r)^2 = x^2 + 1, \qquad 4r^2 = \left(\frac{1+\sqrt{5}}{2}\right)^2 + 1$$

よって $r^2 = \dfrac{5+\sqrt{5}}{8}$。$\sqrt{5} = 2.2360\cdots$ であ

ることから $r^2 = 0.9045\cdots < 1$ となるので，$r < 1$ である。

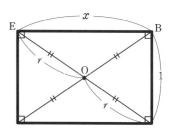

各面は正三角形であるが，中心 O から頂点の距離 r が 1 でないので，正四面体ではない。四面体の高さが長いため，隙間ができてしまうので，正四面体 20 個を合わせることはできない。

最後に，正二十面体の体積を求めてみよう。

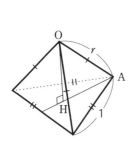
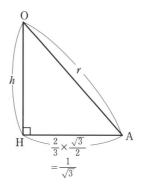

三角錐の高さを $\mathrm{OH} = h$ とおくと，$\left(\dfrac{1}{\sqrt{3}}\right)^2 + h^2 = r^2$ より

$$h^2 = \frac{5+\sqrt{5}}{8} - \frac{1}{3} = \frac{7+3\sqrt{5}}{24} = \frac{14+2\sqrt{45}}{48} = \frac{(\sqrt{9}+\sqrt{5})^2}{48}$$

よって $h = \sqrt{\dfrac{(3+\sqrt{5})^2}{48}} = \dfrac{3+\sqrt{5}}{\sqrt{48}} = \dfrac{3+\sqrt{5}}{4\sqrt{3}}$。

正二十面体の体積は

$$20 \times \left(\frac{1}{3} \cdot \frac{3+\sqrt{5}}{4\sqrt{3}} \cdot \frac{1}{2} \cdot \frac{\sqrt{3}}{2} \cdot 1\right) = \frac{15+5\sqrt{5}}{12} = 2.1816\cdots$$

正四面体 20 個分の体積は $20 \times \dfrac{\sqrt{2}}{12} = \dfrac{5\sqrt{2}}{3} = 2.3570\cdots$ である。

正二十面体の体積は，辺の長さが同じ正四面体 20 個分の体積のおよそ 93 ％にあたる。

[木内 保]

これが立方体の展開図？

立方体（正六面体ともいう）の展開図は全部で11種類あるが，すべて描けるかな？

立方体を切って考えてみよう。辺に番号を付けておくとよい（右図）。

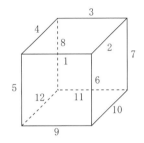

立方体の辺を何本切ると展開図ができるだろうか？

展開図は6つの正方形が5本の辺でつながっている。立方体の辺は全部で12本だ（図①）。

$$12-5=7$$

つまり，立方体の辺を7本切ると展開図ができる。

12本の辺をすべて切り，5本の辺の番号が一致するように正方形を並べ直すと，違う展開図になる（図②，図③）。正方形4枚を横に並べて側面の展開図をつくるとわかりやすい。側面の上と下に底面を付けると立方体の展開図ができる。

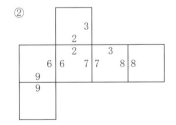

上の底面は，1，2，3，4のうち，どの辺で側面とつながってもいい。下の底面は，9，10，11，12のうち，どの辺でつながってもいい。

④

⑤

合同な展開図は，同じ種類と考えよう。

側面の正方形4つが横に並んだ展開図は6種類できた（図①～図⑥）。

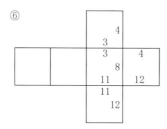

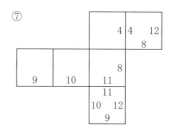

次は，右端の正方形を動かしてみよう（図⑦）。右端の面は，4, 8, 12のうち，どの辺でつながってもいい。

4の辺でつないで，下の底面を動かしてみよう（図⑧, 図⑨）。

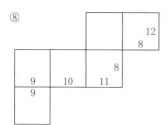

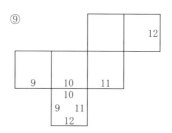

下の底面は，9, 10, 11, 12のうち，どの辺でつないでもよかった。

ということは，もう1つできる。

どんな展開図か，わかるだろうか？

12の辺でつないだのが図⑩である。

これも，立方体の展開図だ。

⑩

残りあと 1 種類になった。下左の展開図をもとに考えよう。

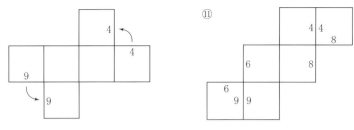

点対称な展開図だ。右端の正方形だけでなく，左端の正方形も動かしてみよう。4 と 9 の辺でつないでみる。これで，11 種類できた（図⑪）。

もう少し展開図の問題に挑戦してみよう。

【問 1】　右の図で，●印から出発して，展開図の外側の辺に番号を付けていくと，●で終わる。辺が順番に対応しているので，●から●まで 1 本のファスナーを付けて閉じると立方体ができ，ファスナーを開くと展開図になる。では，①〜⑪の展開図のうち，1 本のファスナーで立方体ができるのはどれか？（ヒント：●印）

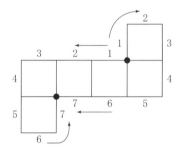

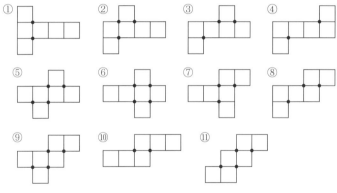

【問 2】　正八面体の展開図は何種類あるか。

　（ヒント：立方体と正八面体は，辺の数が等しく面の数と頂点の数が入れ替わる（双対性）立体だ）

（問 1，問 2 の解答は 284 ページ）　　　　　　［三輪 裕］

6-3 空間座標で遊ぼう

1.「だまし絵」ができた

平面上の点は，x 座標と y 座標を使って 2 つの数の組 (x, y) で表すことができる。これが平面座標だ。たとえば，右図の点 P の座標は $(3, 4)$，点 E の座標は $(1, 1)$，原点 O の座標は $(0, 0)$。

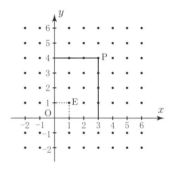

3 次元空間内の点は，x, y 座標の他にもうひとつ z 座標をつけ加えて 3 つの数の組

$$(x, y, z)$$

で表す。これが空間座標だ。

右図の点 Q の場合でいうと，座標は $(4, 5, 6)$ となる。図のように原点 O と Q を対角線の頂点とする直方体を埋め込むと，$x=4$，$y=5$，$z=6$ が，直方体のたて，よこ，高さにあたる。

原点は $(0, 0, 0)$，点 F は $(1, 1, 1)$ である。

ここで問題をひとつ。

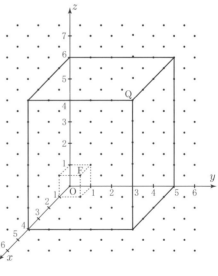

【問題】 この図の中に，

点 R $(2, 4, 5)$

を目盛ってください。なお，原点 O と R を対角線の頂点とする直方体を埋め込んでみてください。

（解答は 285 ページ）

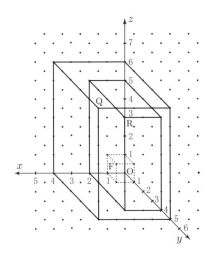

空間（＝3次元の空間）内で離れていた2つの点 R と Q が，紙（＝2次元の空間）の上では1つに重なった。これは，その方向から見たら2点が重なって見えたからであり，別にめずらしいことではない。左図のような方向から見れば Q, R は重ならない。

　さて，Q, R が重なった図（解答の図）を見ているうちに，下のようなおもしろい絵ができた。

　「だまし絵」や「不思議な絵」を描く画家としてエッシャー（1898-1972），安野光雅（1926-2020）が有名だ。その傑作の中には，空間内の点と紙上の点の関係が"多：1"であることを巧妙に利用して，遠近の錯覚を取り入れた作品が多いように思う。

　挑戦してみませんか。

2. 焼き鳥の串平面

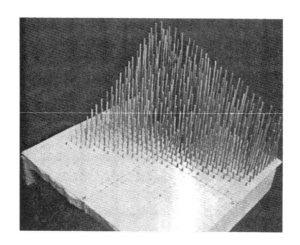

　ずいぶん前のことだが，空間内の平面の方程式の授業をしたあとで
　「$ax+by+cz+d=0$ という方程式を見ると，"平面だなぁー" と思う人は手
　を挙げて！」
と聞いたら1人の生徒も手を挙げない。
　「ぜんぜんそういう気がしない人は？」
と聞いたら全員が手を挙げた。黒板に残るベクトルの内積を使った**証明**と，生
徒たちの胸にストンとおちるような**納得**とはまるで違うのだ。
　そこで反省して次の授業のとき，焼き鳥の串をたくさん買っていって，方程
式 $2x+y+3z-6=0$ が表す平面を作った。生徒たちは，分担した (x, y) で z
を計算してその長さの串を作り，教卓に用
意した 30 cm 四方くらいの発泡スチロー
ルに刺していく。結局2時間かかったが，
　「やっぱり平面だろう」
といったら
　「やっぱり平面だ」
と応えてくれた。私も平面を実感した。

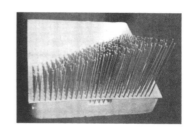

[小沢健一]

6-4 粘土と竹ひごで立体をつくろう

オイラーの多面体定理

　粘土（図の●頂点）と竹ひご（図中の辺）を使って，右の図のような四角錐をつくろうと思う。粘土と竹ひごがそれぞれいくつ必要か調べよう。

　粘土5個，竹ひご8本必要で，面の数5面の立体ができた。

【問題1】　みんなで，それぞれ好きな立体をつくることにした。用意しておく粘土と竹ひごの数，またできた面の数を表に記入しよう。

三角柱
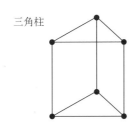

正八面体

図形の名前	粘土の数	竹ひごの数	面の数
四角錐	5	8	5
三角柱	6		
正八面体			8

（問題1の解答は285ページ）

　今まで調べてきた図形の，粘土の個数・竹ひごの本数・できた面の数の関係を調べ，計算で求める方法を見つけ出したい。

　ここで突然ではあるが，正十二面体の展開図（次ページ）を有力な手がかりとしてみよう。

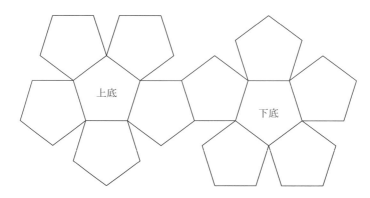

　面の数は12，頂点の数（粘土の数）は上底（5個の正五角形に囲まれた正五角形）の周りに5，側面に10（3つの正五角形が1つの頂点を作っている），下底の周りに5で，合わせて20。

　辺の数（竹ひごの数）は上底の周りに5，その周りに5（2つの面で1つの辺），左右の図形がくっつくときにできる辺が10，あとは先ほどと同じで5，5で，合わせて30。

　ここまで進めてくると，

$$（面の数）＋（頂点の数）＝（辺の数）＋2$$

という関係式が推測できる。

　他の例でもこの関係式が成り立っていることを確認してみよう。

　上の関係式は，普通の立体ならいつでも成り立ちそうだ。

　どうしてだろう？

　ここでは四角柱を例にして説明してみる。

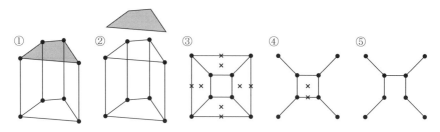

　①　四角柱の上の面（ふた）をはずす。

② ふたのない箱をつぶして平らにする（頂点・辺・面の数が変わらないように）。

③ 辺・面を同じ数だけ減らす（ここでは 4 ずつ）。

④ さらに減らす（ここでは 1 ずつ）。

⑤ 点と辺だけの図形となるが，点は辺の両端にあるので必ず

$$（点の数）-（辺の数）=1$$

となっている。

　さて，ここから②に戻ると，辺・面ともに 5 ずつ増えているが，すぐ上の式の（辺の数）の前に - が付いているので，

$$（点の数）-（辺の数）+（面の数）=1$$

が成り立つ。さらに①に戻ると，面が 1 増えるので，

$$（点の数）-（辺の数）+（面の数）=2$$

が成り立つ。

　これを**オイラーの多面体定理**という。

【問題 2】 この定理を使って，正二十面体（面の数は 20）を作るのに必要な粘土の個数，竹ひごの本数を求めなさい。

【問題 3】 正二十面体の頂点の数（粘土の数）を別の方法で求めてみよう。

〔ヒント〕 正二十面体は 1 つの頂点に 5 つの正三角形が集まってできている。

（問題 2，問題 3 の解答は 285 ページ）

［宮川康浩］

暗号文で内緒の話を

数字の暗号文を文章に直してみよう。

謎の古代文明の文書が見つかった。
盗賊に気づかれる前に，連絡取りたし。　　　　　（X博士）

携帯 090-1234-****

$(+1, -2) \rightarrow (+2, -2) \rightarrow (-1, -1) \rightarrow (-3, -2) \rightarrow$
$(-1, -2) \rightarrow (0, -2) \rightarrow (-3, -3) \rightarrow (-3, -1) \rightarrow$
$(-2, -1) \rightarrow (+2, +4) \rightarrow (-3, -3) \rightarrow (-4, -2) \rightarrow$
$(0, +4) \rightarrow (-3, -1) \rightarrow (-1, -3) \rightarrow (0, +1) \rightarrow$
$(+2, -1) \rightarrow (+4, +4)$

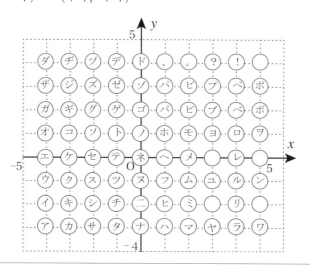

　座標（平面座標）とは，平面上の点
の位置を，数を使って表す方法である。
数学では交点で表している。

　たとえば，

　　A（＋1，＋2），
　　B（－4，－3），
　　C（＋3，－2），
　　D（－2，＋1）

は右の図の点を表している。

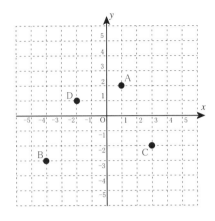

　先ほどの暗号を解読すると，

「ヒミツキチニカクス。カイドクタノム！」

となる。

　では，今度は言葉を暗号にして返してみることにする。

「**アス、ゴゴムカウ**」と送ることにする。

「**ア**」の座標は，（－4，－3）である。以下の文字の座標を書こう。

　　「**ス**」

　　「**、**」

　　「**ゴ**」

　　「**ゴ**」

　　「**ム**」

　　「**カ**」

　　「**ウ**」

> 解：（－4，－3）→（－2，－1）→（＋1，＋4）→
> 　　（0，＋2）→（0，＋2）→（＋2，－1）→
> 　　（－3，－3）→（－4，－1）

点をつないで絵を描く

> 　古代人が住んでいたといわれる洞窟の中に，絵が描かれていた。
> どんな絵が隠れているのだろう？

$(0, +5) \rightarrow (-1, +6) \rightarrow (-2, +6) \rightarrow (-3, +5) \rightarrow$
$(-3, +4) \rightarrow (-2, +3) \rightarrow (-3, +3) \rightarrow (-5, +1) \rightarrow$
$(-6, +1) \rightarrow (-6, 0) \rightarrow (-5, 0) \rightarrow (-3, +2) \rightarrow$
$(-2, -1) \rightarrow (-4, -4) \rightarrow (-2, -7) \rightarrow (-1, -7) \rightarrow$
$(-3, -4) \rightarrow (-1, -1) \rightarrow (-1, -3) \rightarrow (+3, -3) \rightarrow$
$(+2, -2) \rightarrow (0, -2) \rightarrow (0, -1) \rightarrow (-1, +2) \rightarrow$
$(0, +2) \rightarrow (+1, 0) \rightarrow (+2, 0) \rightarrow (+1, +3) \rightarrow$
$(-1, +3) \rightarrow (0, +4) \rightarrow (0, +5)$

座標の順に直線でつないでいこう。

また，下の図の中に描かれた動物（犬）の各点の座標を書こう。

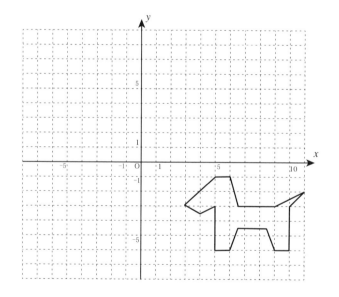

　暗号文で手紙のやり取りをしたり，点をつないで絵を描いたりして楽しんでみよう。

［澤田雅士］

拡大しても同じ顔

自己相似図形を作る仕組み

① 正方形を $\frac{1}{2}$ 倍に縮小して 4 か所に貼り付けると自己再現される。

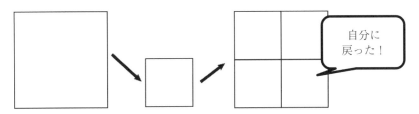

② 正方形を $\frac{1}{3}$ 倍に縮小して 9 か所に貼り付けても自己再現される。

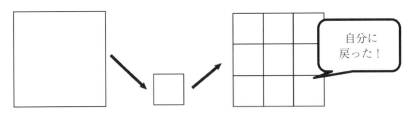

③ では，今度は正方形を $\frac{1}{3}$ 倍して図のように 5 か所に貼り付けてみよう。

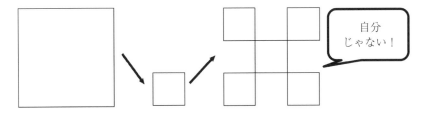

④ ところが，③の操作をずうっと繰り返して行くと……

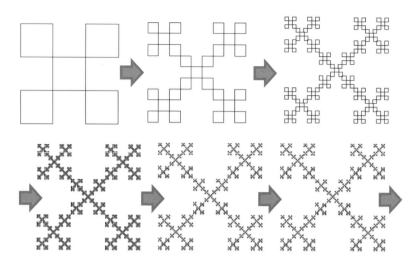

このように「縮小」と「貼り付け」を無限に繰り返していくと，面積ゼロ，周の長さ∞であるような，ある不変な図形に落ち着いていく。これは一部分を拡大すると自分自身が現れる「自己相似性」をもつ図形である。このような図形を「フラクタル」と呼ぶことがある。

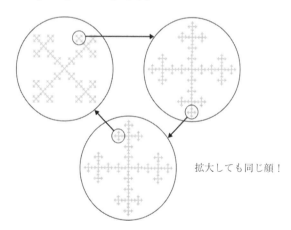

拡大しても同じ顔！

有名な自己相似図形

● **シェルピンスキーのギャスケット**（正三角形を $\frac{1}{2}$ 倍して 3 か所に貼り付ける）

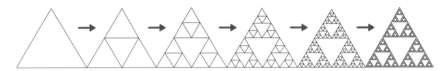

● **コッホ曲線**（線分を $\frac{1}{3}$ 倍にして 4 か所に貼り付ける）

いろいろな自己相似図形を目で見てみよう

● **テレビをカメラで撮って映し出す**

　右の写真は，カメラをテレビにつないで，映し出される画面を撮影したものだ。撮影した画面が縮小されて映し出されることが繰り返されるので，自己相似図形が現れる。

● **ヒルベルト曲線**

　ヒルベルト曲線とよばれる図形がある。平面の格子を同じ場所を通らずに一筆書きで全部覆い尽くす曲線だ。描いてみると自己相似性を実感できると思う。

フ	タ	ル	図	と	も	い
ラ	ク	の	形	間	仲	え
の	形	特	徴	形	の	ク
一	図	、	は	図	ル	タ
部	分	い	る	こ	と	線
、	が	て	っ	あ	で	曲
全	相	似	な	る	の	ヒ
体	と	形	に	。	こ	ル

（右端列上から：。る　ラ　フ　も　ト　ル　ベ）

※左上「フ」から始めて線を引いてヒルベルト曲線を描こう。

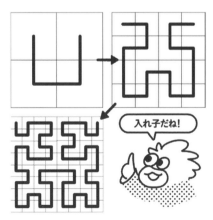

入れ子だね！

[下町壽男]

塗り絵で描く二次曲線

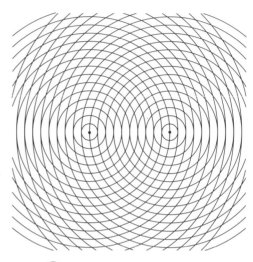

楕円と双曲線

　右図のような中心をずらした2つの同心円がある。

　格子の中に色鉛筆，またはサインペンを使って，下のⒶまたはⒷのように市松模様のように色を塗ってみよう。

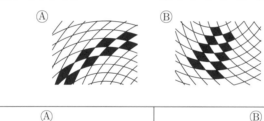

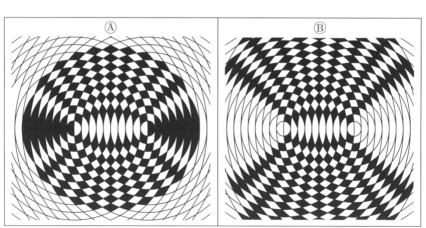

市松模様の角の格子点と同心円の中心を結び，その曲線の性質を調べよう。

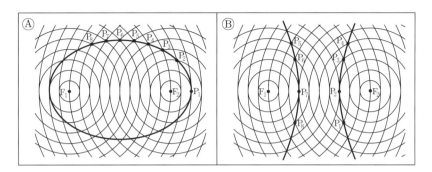

　2点 F_1, F_2 から格子点 P_1, P_2, …, P_8 までの距離を表で表すと，次のようになる。ただし，隣どうしの同心円の半径の差は 1 とする。

Ⓐ	P_1	P_2	P_3	P_4	P_5	P_6	P_7	P_8	Ⓑ	P_1	P_2	P_3	P_4	P_5	P_6	P_7	P_8
F_1 からの距離	12	11	10	9	8	7	6	5	F_1 からの距離	8	7	8	9	5	4	3	4
F_2 からの距離	2	3	4	5	6	7	8	9	F_2 からの距離	4	3	4	5	9	8	7	8
和	14	14	14	14	14	14	14	14	差	4	4	4	4	4	4	4	4

　上の表から，左の曲線（Ⓐ）は2点からの距離の和が等しいという性質がわかり，**楕円**とよばれる。右の曲線（Ⓑ）は2点からの距離の差が等しいという性質がわかり，**双曲線**とよばれる。また2点 F_1, F_2 を**焦点**という。

放物線

　右図の同心円と平行線の格子の中に色を塗ってみよう。下図の図形が浮かび上がる。

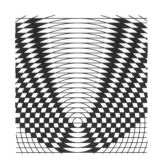

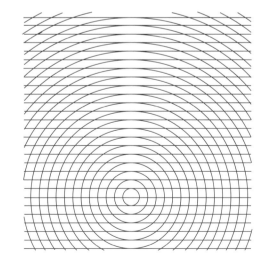

市松模様の角の格子点と同心円の中心を結び，その曲線の性質を見つけよう。

下右図のように，点 P_3 に関して点 F と対称な点 H を通る平行線を l とする。

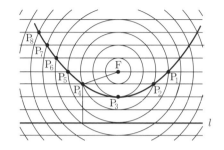 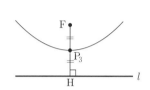

1 点 F と直線 l からの距離を求めてみよう。

	P_1	P_2	P_3	P_4	P_5	P_6	P_7	P_8
F からの距離	4	3	2	3	4	5	6	7
l からの距離	4	3	2	3	4	5	6	7

この表から，曲線は 1 点（焦点）からの距離と直線（準線という）からの距離が等しいという性質がわかり，**放物線**とよばれる。

円錐曲線

楕円，双曲線，放物線は円を加えて**二次曲線**と呼ばれている。

また，二次曲線は円錐を切った時の切り口に表れるので，**円錐曲線**とも呼ばれている。

実験

夜，懐中電灯で地面を照らす。懐中電灯の角度をいろいろと変えると円錐曲線が現れることを確かめてみよう。

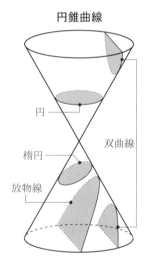

円錐曲線

[竹中芳夫]

7

作って楽しむ平面図形

7-1 かんたんタングラムで図形の勉強

1年生でも楽しめる

こんな形つくれるかな？

(1) ミニ・タングラムで準備体操

　10 cm 四方の厚紙を切って，3つの三角形の色板を作ろう。

　3つの三角形を並べて，「しかく」「さんかく」「台の形」「ながしかく」「家の形」などを作ろう。大人も頭の体操のつもりでやってみよう。意外にむずかしいかも……。

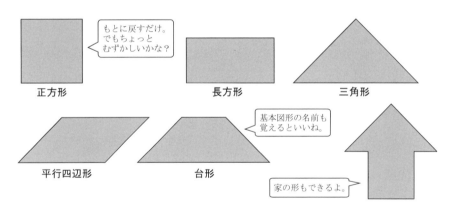

正方形
　もとに戻すだけ。でもちょっとむずかしいかな？

長方形

三角形
　基本図形の名前も覚えるといいね。

平行四辺形

台形
　家の形もできるよ。

　たった3つの三角形から，位置を変えることで別の形が作れる，その面白さを味わうことができる。図形の基本になる形を作ることができ，「図形の等積変形」を体感しながら平行四辺形や台形の求積の考え方を養成できる。

　小さな三角形を半分にして4つの三角形にすることで，もっと多様な形を作ることもできる。自分で考えたいろいろな形をノートに写していこう。

(2) 折り紙の色板で，いろいろな形を作ろう

　自分で折り紙を使って，色も数も好きなだけ作って遊ぶことができる。大きさだって自由自在！　好きな形ができたら，のりで貼って，飾ってみよう。

　この折り紙板で ① のミニ・タングラムも作れる。半分の大きさの折り紙をどうしたら作れるか，考えよう。

[折り紙の色板を作って遊ぼう！]

①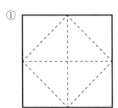

縦横半分の折り目をつけて
座布団折りにする。

② 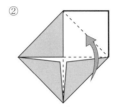 ③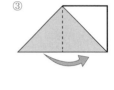

1ヶ所だけ開いて，縦横半分の折り目で折る。

④

最後に，開いておいた三角を
ポケットに入れる。

⑤

できあがり！

好きな色の色板で，
重ならないように並べて
絵を作ってみよう。

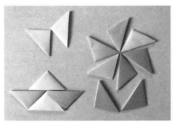

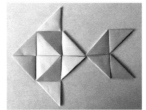

何枚かな？

四角形や三角形も，
いろいろできるよ。

(3) 7つのピースのタングラムに挑戦だ！

「知恵の板」といわれて古くから遊ばれてきたタングラム。7つもピースが
あるので、ちょっとむずかしく感じるかも。でも、作りたい絵をピースと同じ
大きさに拡大・縮小して台紙を作り、その上に並べてみると、どこにどのピー
スを置けばいいかがわかってくる。いろいろな形にチャレンジしよう。

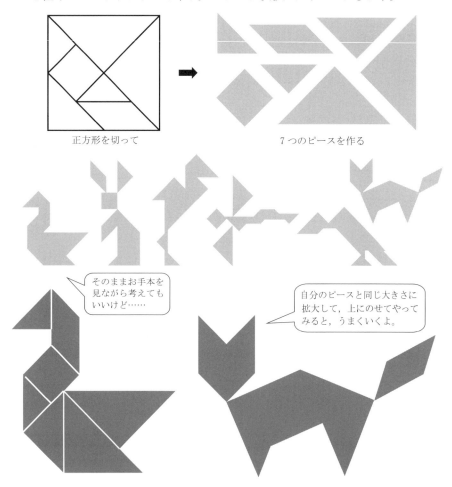

正方形を切って

7つのピースを作る

そのままお手本を
見ながら考えても
いいけど……

自分のピースと同じ大きさに
拡大して、上にのせてやって
みると、うまくいくよ。

　タングラムも、折り紙やA4の紙などで作る方法もある。日本生まれの「清
少納言知恵の板」など、別のタングラムにもチャレンジしてみると面白い。

[中川律子]

7-2　不思議な扇　どっちが広い？

【質問1】「広いのはどっちの島だ？！」

　昔々，あるところに「DEJIMA」という，たくさんの小さな島からなる国があった。不思議なことに，その国の島は大きさこそ違え，形がそっくりだった。その中にあって，比較的大きな2つの「DEJIA島」と「DEJIB島」は隣り合っていることもあり，どちらが広いかでいつも揉めていた。下図がその2つの島「DEJIA（でじあ）」と「DEJIB（でじび）」である。

　あなたの予想は？

　　（ア）　Aが大きい
　　（イ）　Bが大きい
　　（ウ）　同じ

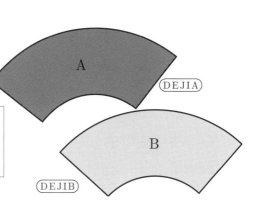

予想したら，片方を薄い紙や
透明シートに写し，もう一方
に重ねて確かめよう。

　結果はどうだった？

　　（ア）　予想通り，（　　　）のほうが広かった。
　　（イ）　予想と違って，（　　　）のほうが広かった。
　　（ウ）　予想通り，広さ（面積）は同じだった。

【質問2】　あなたの予想は？

　予想と違っていた人たちの多くから「形が悪い。もっと比べやすい形にしてほしい。長方形がいい！」との声が寄せられた。そこで，次の質問。

172

「どっちの面積が大きい？！」

　（ア）　A が大きい

　（イ）　B が大きい

　（ウ）　同じ

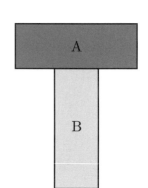

予想したら，片方を薄い紙や透明シートに
写し，もう一方に重ねて確かめよう。

結果はどうだった？

　（ア）　予想通り，（　　　）のほうが面積が大きかった。

　（イ）　予想と違って，（　　　）のほうが面積が大きかった。

　（ウ）　予想通り，面積は同じだった。

【質問3】　あなたの予想は？

「濃淡どっちの面積が大きい？！」

　（ア）　A が大きい

　（イ）　B が大きい

　（ウ）　同じ

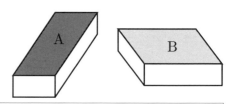

予想したら，片方を薄い紙や透明シートに写し，もう一方に重ねて確かめ
よう。

　質問1の正解は「A が大きい」，質問2の正解も「A が大きい」，そして質
問3の正解は「同じ」（合同）である。

　もうお気づきかも知れないが，3つとも目の錯覚，「錯視」を使った問題で
ある。

　いずれも小学校での面積学習のはじめに，「広さ（面積）は見た目では決め
られないことがある」ということの例として取り上げ，面積の数値化の必要性
につなげていくのに使われることがよくある。

【質問1】は「ジャストローの扇形」（1889）。

※ 原形は下図に近い　　　　　こんなものも　　　　こんな向きや形でも……

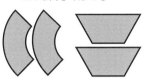

【質問2】は「フィックの垂直線・水平線」（1851）に面積を持たせて利用。

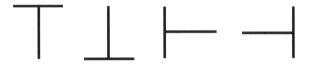

※右の2つでわかるように，垂直線（縦）が長く見えるわけでもない。

【質問3】は「シェパードの平行四辺形」（1981）。

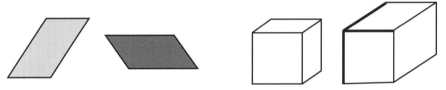

※立体の見取り図でないと効果が薄れる。

※見取り図だと，どちらが立方体に見える？（太線は同じ長さ）

【おまけ】

　錯視ではないが，**周りの長さが大きいほうが面積も大きい**，という思い込みも多い。形が同じならば確かにそうなのだが，形が違えば必ずしもそうではない。

長さ　$4 \times 4 = 16$
面積　$4 \times 4 = 16$

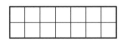

長さ　$(2+7) \times 2 = 18$
面積　$2 \times 7 = 14$

[斉藤　隆]

7-3　封筒を使って面積を考えよう

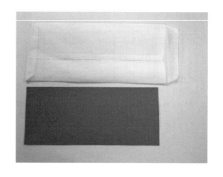

【写真上】封筒と色画用紙（または工作用紙）を用意して，いろいろな形の面積を考えよう（なお，写真の封筒は半透明の紙で作ってある）。

【写真中】ぴったり色画用紙を封筒に入れて，（封筒の）右端をまっすぐにカットする。中の色画用紙を引っ張り出す。出てきた色画用紙と，封筒にできたすき間の面積は同じだ。

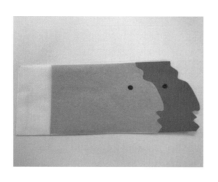

【写真下】今度は，封筒の右端を写真のようにカットする。引っ張り出した色画用紙と，封筒にできたすき間の面積は同じだ。

　長形 4 号（91 mm × 205 mm）の封筒に，縦 9 cm，横 19 cm の色画用紙（ま
たは工作用紙）をピッタリ入れて，下図のようにカットする。

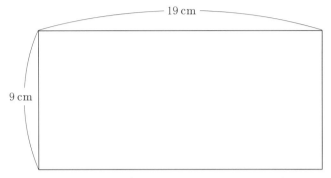

色画用紙（工作用紙）の縦は 9 cm よりほんの少し短かめに。

工作用紙入りの封筒を上図のように斜めにカットする。

176

引っ張り出した平行四辺形の面積と封筒の中のすきまの長方形の面積は同じ。

平行四辺形の面積： $2 \times 9 = 18$, $18\,\text{cm}^2$

最後に問題

【問題1】 ①の三角形の面積を求めよう。

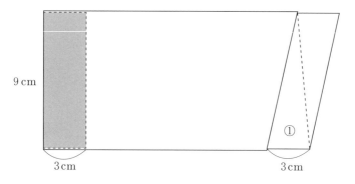

【問題2】 下の色を塗った右側の絵の部分の面積を求めてみよう。

左側の色を塗った長方形は，縦9cm，横2cm。

（問題1，問題2の解答は285ページ）

[和泉康彦]

はとめ返しと四角形

道具ひとつでおもしろい四角形の内角の和

●驚きの事実！

　四角形の各辺の中点を図のように結び，ばらばらにならないように鳩目（はとめ）を打ち，紐を通す。そして，切断された四角形を裏返して，四隅が中央にくるようにする。すると，どんな四角形でも**平行四辺形**になる。

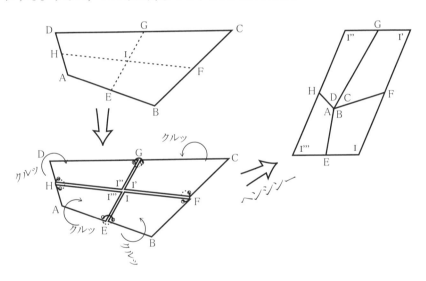

　鳩目（留めた金具が鳩の目に見えることから）がなければ，簡単に厚紙と穴開パンチがあればできる。作ってみるとわかるが，確かに平行四辺形になる。

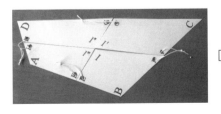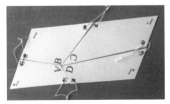

●なぜだろうか？

　三点考えてみる。

・1つ目は，各辺の中点を結ぶこと。下図のように中点をはずすと四角形にならない。点 F, H は中点だが，点 E, G は中点でない。

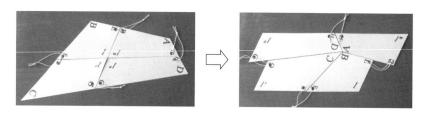

・2つ目は，四隅の角 A, B, C, D が中央に集まり，すきまなく収まること。これは，四角形の内角の和は 360 度になるという性質からだ。

・3つ目は，どんな四角形でも平行四辺形になること。これは，裏返して作った四角形の対角がもとの図形の対頂角で等しいからだ。

　「ならば，対角が等しくなるように，中点から平行線を引いても同様に鳩目返し（裏返し合成で別の図形を作る）で平行四辺形ができるだろうか？」

　図のように点 E を通る直線と点 G を通る直線を平行に引く。作ってみるとより理解できるが，平行四辺形になる。

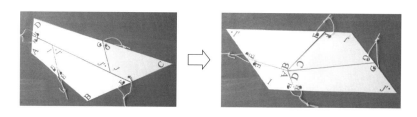

　では，この方法で**長方形**を作るにはどのように切断すればよいか？

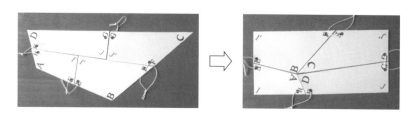

点 E, G から直線 FH に垂線を引く（前ページ下の写真）。

同様に，**菱形（ひしがた）**を作るには，中点を結ぶ線の半分の長さの平行線での切断だ。

さらに，**正方形**を作るにはどう切断すればよいか？　正方形は条件がきつい ので，元の四角形に条件がいる。

最後に，鳩目を使ったおもしろいパズルを紹介する。

【デュードニーのパズル】（1925 年に数学者デュードニーによって発表）

「**正三角形を 4 分割して並べ替え正方形を作る**」というシンプルな問題。

下記のように頂点を"鳩目"で留めて，時計回りに動かすと元の三角形にな り，反時計回りに動かすと正方形になるというアイデアも隠れている。分割の 線は下図だが，四角形の鳩目返しを参考に作ってみるとおもしろい。

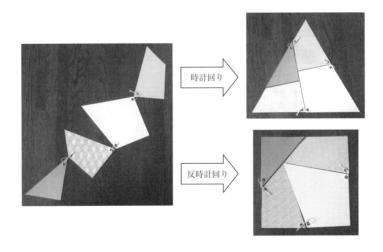

[彦部一雄]

折り紙名人は図形が得意

封筒で正四面体を折る

①

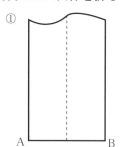

封筒の長いほう
の向きに半分に
折り, 線を付け
る。

②

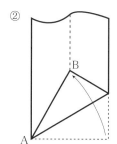

その半分の線
の上に点Bを持
っていきながら
Aと折る。

③

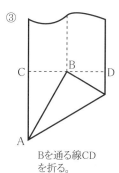

Bを通る線CD
を折る。

④

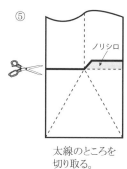

B′AとBB′を折
る。

⑤

ノリシロ

太線のところを
切り取る。

⑥

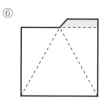

切り口から手を入れ
て折れ線を外側に向
けると出来上がり。

茶封筒で作った
正四面体

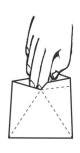

正四面体パズルを作ろう

(あ)を 2 個作り，合わせて正四面体を作る。これが結構むずかしい！

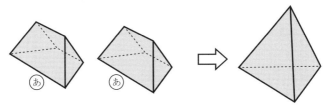

では，(あ)を折ろう。

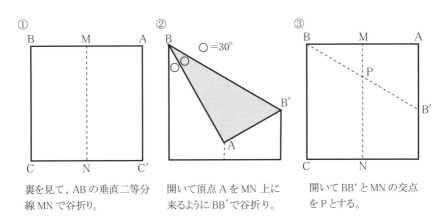

① 裏を見て，AB の垂直二等分線 MN で谷折り。

② 開いて頂点 A を MN 上に来るように BB′ で谷折り。

③ 開いて BB′ と MN の交点をPとする。

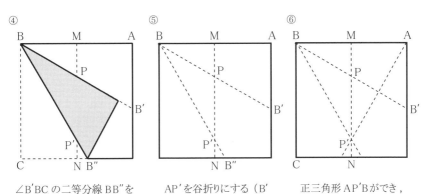

④ ∠B′BC の二等分線 BB″ を折る。BB″ と MN の交点をP′。

⑤ AP′ を谷折りにする（B′をPに持っていきながら折ることと同じ）。

⑥ 正三角形 AP′B ができ，点 P は正三角形の重心になる。

182

⑦
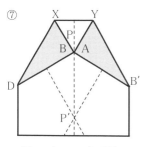
図XDB′YでDB′に平行
に点Pで折るとXYは
DB′上に並ぶ。

⑧
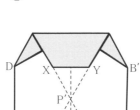
そのままにしてDB′を
折る。

⑨
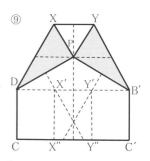
⑦の状態にして長方形DCC′B′
の三等分線X′X″, Y′Y″を折る。

⑩
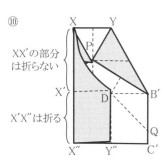
XX′の部分
は折らない

X′X″は折る

X′X″を折り, その上に
DX′を持っていって
右図のX′Q′を折る。
同じようにしてY′Y″
を折り, その上にB′Y′
を持っていきY′Qを
折る。

⑪
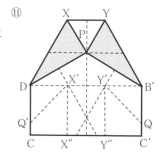

⑫
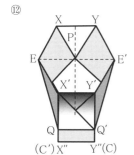
X′Q′, Y′Qを折り直すと
図のようになる。
QQ′, EE′を折り, 四角形
QX″Y″Q′をXYの口から
差し込んで完成。

⑬ 2つ作って,
　　サァ正四面体!

[坂井千恵子]

7-6 マージャン風合同条件ゲーム

　マージャン（麻雀）ゲームは，誰でもが楽しめる室内ゲームである。マージャンのパイ（コマ）の代わりに手作りしたカードで，2つの三角形の等しい辺や角が書かれたカード3枚と，合同条件が書かれたカード1枚をそろえて上がりを競う，マージャン風の「合同条件ゲーム」で楽しんでみよう。

【三角形の合同条件】（≡は合同を示す記号）

　2つの三角形は，次のどれかが成り立つとき合同（ぴったり重なる）である。

(1) 3組の辺がそれぞれ等しい。

(2) 2組の辺とその間の角がそれぞれ等しい。

(3) 1組の辺とその両端の角がそれぞれ等しい。

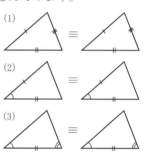

〈6種類の三角形カード〉

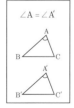 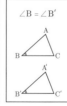 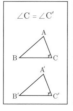 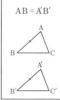 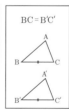 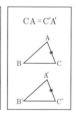

〈4種類の条件カード〉

| 2辺とその間の角がそれぞれ等しい〈辺－角－辺〉 | 1辺とその両端の角がそれぞれ等しい〈角－辺－角〉 | 3辺がそれぞれ等しい〈辺－辺－辺〉 | 3角がそれぞれ等しい〈角－角－角〉 |

　ケント紙などの厚めの紙を名刺くらいの大きさに切って，6種類の三角形カード，4種類の条件カード（1つは引っかけのカード）各4枚，合計40枚のカードを作る。（前ページの図を参照）

　ゲームは原則4人で行う。つまようじなどを1本5点の点数棒として，1人20本程度用意する。

【ゲームの進め方】

　①　カードをよく切り，1人3枚ずつ配る。残りは重ねて裏返しにして中央に置く。

　②　三角形が合同になるように，三角形のカード3枚と条件カード1枚の計4枚がそろうように集める。

　③　ジャンケンで勝った人は，中央のカードを1枚引き，不要なカードを1枚捨てる。捨てるカードは，何を捨てたかが分かるように自分の前に表向きに並べる。残りの3枚は，他の人に見られないように手に持つ。

　④　順番を決めて，③を繰り返す。

　⑤　あと1枚で上がり（4枚がそろう）とき，「リーチ」と発声する。「リーチ」をかけ忘れると，4枚そろっても上がることができない。

〈ゲームで上がりの手札の例〉

 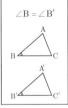 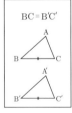 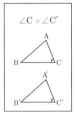

　⑥　「リーチ」をかけた人は，次の自分の番に，中央のカードから取って上がることができるが，「リーチ」をかけた後に他の人が捨てたカードをもらって上がることもできる。

　⑦　中央の山から取って上がった場合（ツモ）は，全員から10点ずつもらえる。人の捨てたカードで上がった場合（ロン）は，捨てた人から30点もらえる。

　⑧　同時に複数の人が「ロン」となった場合は，メンバーが納得できる方法で解決する。たとえば，先に「ロン」をいった人が勝ち，ジャンケンで配分す

る，……など。

　⑨　上がったつもりが間違いであった場合（チョンボ）は，みんなに 10 点
ずつ渡す。全員でカードの確認をすることが大切である。

　（「3 組の辺がそれぞれ等しい」という合同条件をそろえて上がることは起こ
りにくい，ということが分かってくるので，慣れてきたら，その場合の点数を
倍にするなどしてもよい）

［上がりの手一覧表］

次の 4 枚（条件カード 1 枚，三角形カード 3 枚）がそろったときに上がることができる

条件カード	三角形カード	三角形カード	三角形カード
3 辺がそれぞれ等しい	AB = A'B'	BC = B'C'	CA = C'A'
2 辺とその間の角が それぞれ等しい	AB = A'B'	∠B = ∠B'	BC = B'C'
2 辺とその間の角が それぞれ等しい	BC = B'C'	∠C = ∠C'	CA = C'A'
2 辺とその間の角が それぞれ等しい	CA = C'A'	∠A = ∠A'	AB = A'B'
1 辺とその両端の角が それぞれ等しい	∠A = ∠A'	AB = A'B'	∠B = ∠B'
1 辺とその両端の角が それぞれ等しい	∠B = ∠B'	BC = B'C'	∠C = ∠C'
1 辺とその両端の角が それぞれ等しい	∠C = ∠C'	CA = C'A'	∠A = ∠A'

　このゲームは，「マージャン風○○条件ゲーム」に変えることが容易である。
三角形の合同条件に加えて直角三角形の合同条件（カードを作る）でも上がる
ことができるようにする「合同条件ゲーム——直角三角形版」は，条件が増え
て複雑さが増す。また，三角形の相似（形は同じ，大きさは異なってもよい）
条件をカードにする「相似条件ゲーム」なども楽しむことができる。

［嘉摩尻　寿］

飛べ！ イカ飛行機

たこ八「ここにあるコピー用紙でイカ飛行機を作ると，どのぐらい飛びそうかな？」

サザエ「イカ飛行機？」

たこ八「このような紙飛行機のことじゃ（次ページ写真）。イカの胴の先についているひれの部分が再現されておるのじゃ」

サザエ「変な形の飛行機だね。これ飛ぶの？」

たこ八「本物のイカは時速40kmで泳ぐそうだ。この紙飛行機も飛ぶぞ」

サザエ「ひまだから作ってみるかな。どうやって折るの？」

たこ八「こう折るのじゃ」

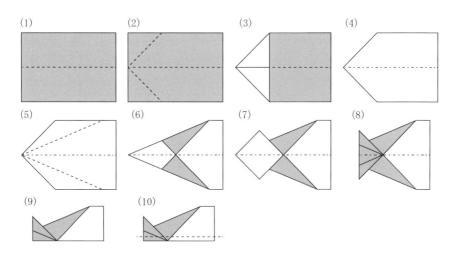

(1) (2) (3) (4) (5) (6) (7) (8) (9) (10)

サザエ「(3) まで折ったら裏返しにしたところが (4) なのね」

たこ八「(6) まで折ったら先端を下の部分から広げると正方形が現れる」

サザエ「正方形を半分に谷折りするとひれの部分が現れるのね。できた。飛ば

してみよう。すごい。まっすぐに飛んでいく。広いところで飛ばしたいな」

たこハ「いつもの公園に行ってみるかな。

（公園に着いて）　初めに使ったコピー用紙は家のFAXやプリンターで使っていた用紙じゃ。この大きさはA4判と呼ばれておる。これを半分にしたサイズがA5判じゃ。このサイズは雑誌や教科書などによく使われておる」

サザエ「さっきのA4判のコピー用紙を半分に切って折ってみよう……。あら，同じ形になったわ。このサイズをまた半分にするとA6判というの？」

たこハ「その通り。これは文庫本に使われておる」

サザエ「半分にしたときの用紙が残っているから，これを半分にしてA6判の用紙を作るよ。同じように折っていくと……。できた。今度も同じ形になったよ。3機並べるときれい」

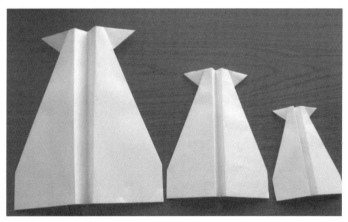

たこハ「このように大きさは違っても，形が同じものを相似形と呼ぶのじゃ。ところで，A4判の半分の半分で作ったA6判のイカ飛行機（写真右）が半分になる？　どこかおかしいじゃろう」

サザエ「半分の半分が半分になる??　わかった！　A4判用紙の半分は，面積が半分だ！　A4判の半分の半分は，長さが半分だ!!　そうか。A4判の半分の長さになるのはA6判だ。そのA6判で折ったイカ飛行機だから長さが半分になったんだ。…………？　じゃA5判の長

A4判用紙の
半分の半分

A6判

さはどうなっているの？」

たこハ「長さを測ってみたらどうかな」

サザエ「よし測ってみるか。測った長さを整理すると表のようになったよ」

たこハ「横の長さに注目して比べてごらん」

サザエ「A6 判の 10.5 cm が，
A4 判では 2 倍の 21.0 cm にな
っている」

	A6判用紙	A5判用紙	A4判用紙
縦の長さ	14.8 cm	21.0 cm	29.7 cm
横の長さ	10.5 cm	14.8 cm	21.0 cm

たこハ「たしかに長さが 2 倍に
なっておるのぉ。じゃ A6 判と A5 判の関係はどうなっておるのじゃ」

サザエ「おじいちゃん，電卓貸して。14.8 cm を 10.5 cm で割ると……
1.40952381 となったわ」

たこハ「他も比べてごらん」

サザエ「21.0 cm を 14.8 cm で割ると……，1.418918919 となったわ。どちら
も 1.4 倍ぐらいだ。整理すると右のよ
うになるね」

たこハ「1.4 倍の 1.4 倍が 2 倍か？」

サザエ「1.4 掛ける 1.4 は……，1.96
だ。さっき 1.40952381 や 1.418918919 を 1.4 としたから，この 1.4 を調節す
れば 2 倍になりそうよ。1.41 掛ける 1.41 は 1.9881 だ。1.411 掛ける 1.411 は
1.99092 だ。2 倍に近づいていく」

たこハ「サザエはすごいこと見つけたのう。2 回続けることにより 2 倍の長さ
になるのは 1.41421356…… という値なのじゃ。これを $\sqrt{2}$ という記号で表す
ことになっておる」

サザエ「なんて読むの？」

たこハ「ルート 2 と読むのじゃ」

サザエ「まとめると，A6 判用紙の長さを $\sqrt{2}$ 倍すると A5 判用紙ができる。
そのとき面積は 2 倍になる。長さが $\sqrt{2}$ 倍で面積が 2 倍を続けるとこうなるの
ね。相似形ってふしぎ！　イカシタ飛行機だったわ」

［千葉晃弘］

ピュタゴラスの贈り物

パズルで楽しむピュタゴラスの定理

1枚の折り紙が2枚に変身

（1）次のように折り紙を折る。

① 折り紙を用意。
あまり小さいと
折りにくい。

② 左角を固定し折る。
Aの位置はどこでも
OK。

③ Aを通ってBCに
垂直に山折りをする。
むずかしいので注意。

 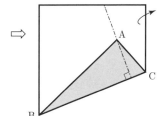

④ 山折り後の表面。

⑤ 裏返した後の折り紙を
さらに折る。
Dを通ってEFに垂直に
山折りする。EFに垂直
という折り方に注意。

⑥ こんな感じになる。
始めの②の折り方
次第で，多少折り線
が違うが，大丈夫。

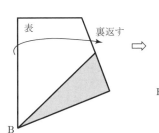 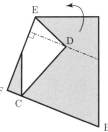 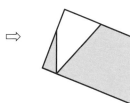

(2) 開いて太線を切る。

　折り紙を開くと，左の図のような折れ線が入っているので，太線部分を切って，右の図のような3つのピースを作る。

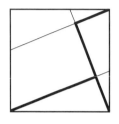 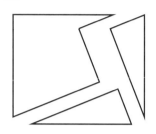

(3) 3つのピースを並べ替えて，2つの正方形を作ろう。

　2つの正方形？？？？　できるわけがない……。

　頭を柔らかくしてやってみよう。2つのバラバラな正方形をイメージするからむずかしい。2つの正方形はつながっていてもよいので，同じ長さの辺をくっつけてみると……，簡単！

ちょっと数学——パズルの意味を考える。

　初めの折り紙に，次の図のように長さを入れて，1つの正方形と2つの正方形の面積が変わらないことを式に表すと，どんな式ができるだろうか。

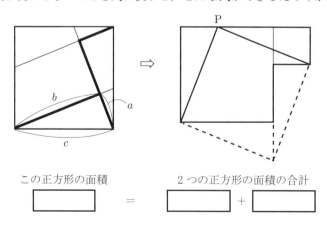

2枚の折り紙が1枚に変身

　1つの正方形が2つの正方形に変身できた。だったら，逆に2つの正方形が1つの正方形に変身できるのかもしれない。そのヒントは，前図の2つの正方形の折り線にありそうだ。じっくり観察してみよう。

　実線の入っているきまりが分かったかな？　ポイントは前図の点Pの位置の決め方だ。

きまりが分かったら作ってみよう。

　(1) 大きさの違う折り紙（正方形）を2枚用意。

　(2) 2枚を次のように並べる。

　(3) Pの位置を決め，切り取り線を描き入れ，切り離してから1つの正方形を作ってみよう。

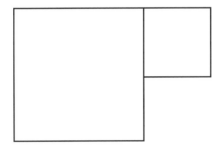

　(4) 1枚の正方形に変身できたかな？

　1辺の長さが a の正方形と b の正方形は，直角をはさむ2辺の長さが a と b である直角三角形の斜辺 c を1辺とする正方形に，面積を変えずに変身できるということを発見したのがピュタゴラス。式で表すと，

$$a^2 + b^2 = c^2$$

となる。これを「**ピュタゴラスの定理**」と呼んでいる。

　この定理は正方形の面積についての発見だったが，式を変形して $c = \sqrt{a^2 + b^2}$ と表すと，これは2点間の距離を求めることに応用できる。例えばカー・ナビゲーションでは，車の位置を特定するためにこの定理を使っている。この定理は日常生活にとても役立っている定理なのである。　　　　　[大谷公人]

7-9　円周角あれこれ

　右写真の図のように，円周上に 2 点 A，B をとり，弧 AB を除く円周上に点 P をとる（いろいろ動かせる）。このとき，∠AOB を中心角，∠APB を円周角という。

【課題 1】　中心角と円周角の関係を調べてみよう。

> ①　円を描いて，円周を 12 等分する。
> ②　円を時計に見立て，7 時と 5 時の点 A, B と円周上の①の点を結ぶ。
> ③　できた角の大きさを測り，等しい角に同じ色を塗る。

　図の中に 30°，45°，60°，75°，90°，105°，120°，135°，150°の角ができる。

　円 O を考えると，弧 AB に対する円周角は 30°で，中心角∠AOB＝60°である。図をよく観察すると……，円周角が 45°の円も描けそうだ。その円の中心はどこだろうか。じつは点 P で，中心角は∠APB＝90°である。

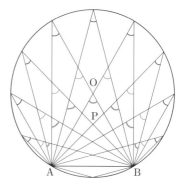

　円周角が 60°，75°，……となる円は読者の皆さんにぜひ描いてもらいたい。どの円でも，（円周角）＝（中心角）× $\frac{1}{2}$ の関係になっていることが予想される。

　この等式が正しいことは次のように説明できる。次ページ上図で，点 P を通る直径を PC，∠OPA＝a，∠OPB＝b とすると，△AOP は二等辺三角形だから，∠OAP＝a となり，∠AOC＝$2a$ である。同様にして，∠BOC＝$2b$

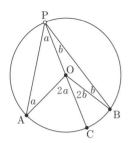

である。したがって，

$$\angle AOB = 2a + 2b = 2(a+b) = 2\angle APB$$

より，$\angle APB = \dfrac{1}{2}\angle AOB$ ……（☆）

　　円周角の定理とは，<u>（☆）の関係</u>と<u>弧 AB に対す</u><u>る円周角は P が動いても一定である（定まった中心角の半分だから）</u>，という2つのことを述べている。

【課題2】 ハトメ回しで接弦定理を体験しよう（クルッと回せばピタリと重なる）。

　　接弦定理（と呼ばれている）は，高校で学習する円に関する定理で，「証明」を示すのがごく普通だが，ここではおもちゃ（？）を使って体験していただきたい。

　　図は少し厚手の紙にコピーして使ってほしい。ちなみに接弦定理とは，「円の接線 ST とその接点 B を通る弦 BA があるとき，接線と弦で作る $\angle ABT$ は，弧 AB に対応する円周角 $\angle APB$ に等しい」という定理である。

　　ここで，<u>弦 BP を垂直に二等分する直径を図のように QR とする</u>。

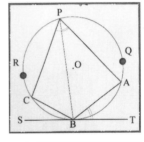

　　ハトメがない場合は，上下を重ねて，穴をボールペンなど細い棒で押さえながら，上の紙を動かすことで代用できる。

---

①　右上図の下のパーツを切り取る。

②　●を穴開けパンチで開けて，点 Q どうし・点 R どうしを上下に重ね，動く程度にハトメで止める。

③　点 Q の切り抜きを $\angle ABT$ に重なる位置におき，時計回りに回転させると $\angle APB$ にピッタリと重なる。また，点 R の切り抜きを $\angle CBS$ に重なる位置におき，反時計回りに回転させると，これまた $\angle CPB$ にぴったり重なることを実感できる。

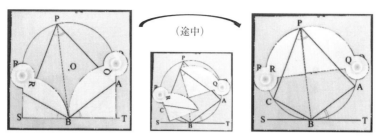

（途中）

接弦定理により，$\angle \mathrm{ABT} = \angle \mathrm{APB}$，$\angle \mathrm{CBS} = \angle \mathrm{CPB}$（★）が成り立つが，これを使って，円に内接する四角形 APCB の面白い性質，$\angle \mathrm{APC} + \angle \mathrm{ABC}$ $= 180°$ を説明できる。

なぜなら，接弦定理より（★）だから，$\angle \mathrm{APC} = \angle \mathrm{APB} + \angle \mathrm{CPB} = \angle \mathrm{ABT}$ $+ \angle \mathrm{CBS}$。ST は直線なので，$\angle \mathrm{ABT} + \angle \mathrm{ABC} + \angle \mathrm{CBS} = 180°$。ゆえに，$\angle \mathrm{APC} + \angle \mathrm{ABC} = 180°$。

【課題3】　円周角の定理を使う？　使わない？

正方形 ABCD の中の2つの円弧（B が中心の円弧，CD の中点 Q が中心の円弧）の交点を P とするとき，$\angle \mathrm{APD}$ は何度になるだろうか？　ここでは円周角の定理を使わない解法を紹介する。（右の2つの図参照）

$\triangle \mathrm{BAP}$，$\triangle \mathrm{BPC}$ は二等辺三角形で，四角形 ABCP の内角の和は $360°$ なので，a+a+ b+b+90° = 360° より a+b = 135°。

また，$\triangle \mathrm{QPC}$，$\triangle \mathrm{QPD}$ も二等辺三角形で，$\triangle \mathrm{DPC}$ の内角の和は $180°$ なので，c+c+d+ d = 180° より c+d = 90°。したがって，$\angle \mathrm{APD} = 360° - (a+b+c+d) = 135°$

円周角の定理を使う解法は，ぜひ自分で見つけてほしい。（ヒント：$\angle \mathrm{APC}$ を円周角とすると，中心角はどの角か）

［檜森洋輔］

シュタイナー点って何だ？

平面上のいくつかの点を最短で結ぶ問題

1. 2点について

2点 A, B を結ぶ最短のコースは，もちろん直線。寄り道をすれば遠まわり（AC＋CD＋DB＞AB）。次のように変化をつけ，よく見かける問題を楽しもう（？）。

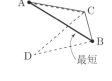

【問題1】（下図）ロバが A で草を食べ，P で川に立ち寄って小屋 B に帰るとき，最短のコース（1回反射するような動き）は？　わかったらロバに教えてあげよう。

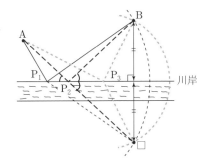

【考え方】　予想がつかないので，

① 適当に見当をつける。

② いろいろ点を取って長さを測ってみる？

などが考えられるが，「……だから，これが最短なんだ！」といい切れないのが歯がゆいところ。

そこで，折れ線の長さを変えないで，

B を他の点□に代えられないだろうか？と考える。すなわち

$$AP＋PB＝AP＋P□$$

と置き換えて，この折れ線を直線に近づけていく。$P_1B＝P_1□$，$P_3B＝P_3□$ となる点□を探すと，川岸について B と対称な点 $\boxed{B'}$（**対称移動**）が浮かび上がる。

【解答】　この点 B′ を活用すると，二等辺三角形の性質より

$$AP＋PB＝AP＋PB'≧AB'$$

AB′ が最短であることが分かったので，この直線と川岸の交点 P_2 に立ち寄れ

ばよい（このとき，∠AP₂P₁＝∠BP₂P₃）。

2. 3点 A, B, C について

（ここからは，中継点 P などを追加してもよいことにする。<u>じつは点を追加して結んだほうが最短になることがある</u>。ただし複雑にならないように，∠A, ∠B, ∠C ＜ 120° とする）

説明に入る前に，まずは次の ［例］と ［解答例］を参照。

［例］　1辺の長さが1の正三角形の3頂点を結ぶコースを適当に考え，その長さを求めてみよう（ただし，中継点を追加してもよい）。

［解答例］　正三角形の2辺 $1+1=2$，　　1辺とその垂線 $1+\dfrac{\sqrt{3}}{2}=1.866\cdots$

【3点についての説明】

どこかに点 P をとり，PA＋PB＋PC を最短にするにはどうすればよい？　基本的な考え方は**問題1**で触れたように，PA, PB, PC をつないで直線に近づけていく。

これがまた不思議や不思議。そのからくりをとくとご覧あれ！

△CPB を点 C を中心に **60°回転**させ，それを △CQD とする。

△CPQ, △CBD は正三角形だから，

$$PA+PB+PC = AP+QD+PQ$$
$$= AP+PQ+QD \geqq AD$$

となり，最短の長さは AD である。AD 上に P, Q があるようにすればよい。

【点 P を作図するには】

右図のように正三角形 BCD を描き，その外接円と AD との交点が P である。このとき，

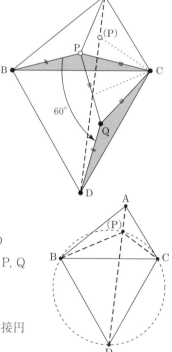

$$\angle APB = \angle BPC = \angle CPA = 120°, PB + PC = PD$$

(<u>PB, PC の和が PD に置き換えられる</u>) となっている。

3. 4点 A, B, C, D について

ここでも説明の前に [例]，すぐ [解答例]。

> [例]　1辺の長さが1の正方形の4頂点を結ぶコ
> ースを適当に考え，その長さを求めよう（ただし，
> 中継点を追加してもよい）。
>
>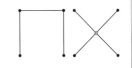
>
> [解答例]　正方形の3辺 1+1+1=3,　2対角線 $\sqrt{2}+\sqrt{2}=2\sqrt{2}=2.828\cdots$

【4点についての説明】

3点のときを参考にして考える。
4点を結ぶ最短の長さは中継点
（<u>120°をなす腕が3本出ている</u>）を
2点使って，右図の2つのどちらか
となることがわかっている。

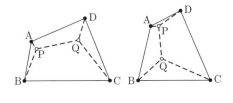

【問題2】　1辺の長さが1の次の正多角形について，すべての頂点を結ぶ最短
コースの長さを求めなさい。

　　(1) 正三角形のとき　　(2) 正方形のとき　　　　　　　（解答は 285 ページ）

4. 作ってみよう

(1)　2. 3. で考えた最短の長さ
を簡単に確かめるには？
図のような模型（竹ひご，アクリ
ル板で）を石鹸水に浸し，静かに引
き上げると……，ナント正解が現れる！

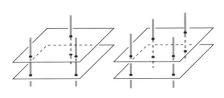

(2)　追加する中継点のことを「**シュタイナー点**」という。

(3)　ここで取り上げた最短で結ぶ問題は「最短ネットワーク問題」などと
呼ばれ，<u>電話回線網や石油パイプラインの設計</u>ほか，多方面で活用されている。

［塩沢宏夫］

7-11　いろいろな作図法

中学生の野球少年 R と，数学大好きおじさん O の会話である。

R 「今日は何を話してくれるんですか？」

O 「まず，定規とコンパスで正三角形を描いてくれるかな」

R 「まず定規を使って線分 AB を引き，コンパスでクルックルッと，これでどうですか？」

O 「花マルじゃ。なぜ，その方法で描けるんじゃ？」

R 「3 辺の長さを同じにするといいから」

O 「ウ〜ム！ ところで，ユークリッド『原論』という世界のベストセラー本を知っている？」

R 「それって，数学のゲームの本ですか？」

ユークリッド（エウクレイデス）（BC330 頃〜 BC275 年頃）

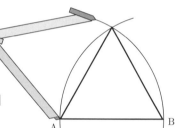

O 「ゲームの本ではないが，図形のゲーム本のようなものかな。それは『点とは……』『線とは……』で始まり，最初の質問が『与えられた線分上に正三角形を作ること』となっている本なんだ」

R 「1 年のときに先生が話していたよ。その本には，どんな問題が載っているのですか？　やってみたい」

O 「よく覚えているな。こんなことから始まって，『証明』だらけの本なんだ。では，次の 3 つの問題をやってごらん」

1. 与えられた角を 2 等分すること。
2. 与えられた線分を 2 等分すること。
3. 与えられた線分に，その上の与えられた点から垂線を引くこと。

R　「僕はこれ得意かもしれない」

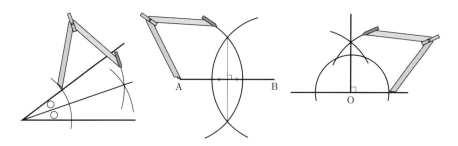

O　「すばらしい。でもどうしてその方法で描けるんじゃ？　証明方法は？」

R　「う～ん。習ったのを覚えていただけ」

O　「なぜかは，合同定理（条件）を使って証明できるんじゃ。では，次の計算をしてもらおう」

① $2 + 3 =$	② $5 - 2 =$	③ $2 \times 3 =$	④ $6 \div 3 =$

R　「どれも簡単！　順に5，3，6，2です」

O　「正解じゃ。これをコンパスと定規でやってみようか」

R　「そんなことができるんですか？！」

O　「次のように計算をとらえてみよう。①なら長さ2cmの線分と長さ3cmの線分を合わせると5cmになるから，こうすることにしよう」（下左図）

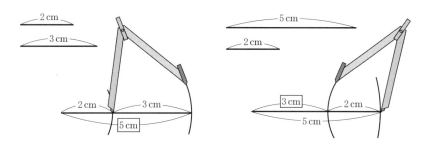

R　「わかりました。②をやってみます」（上右図）

O　「OK！　それでいい。①②が描ける理由は，ユークリッド『原論』では，次のように示されていて，証明されているんじゃ」

①の根拠：与えられた点において，与えられた線分に等しい線分を作ること。

②の根拠：不等な2線分が与えられ，大きいほうから小さいほうに等しい線分を切り取ること。

O 「では，③，④をやってみよう。『原論』の第6巻の「相似」の考えを利用するんじゃ」

R 「むずかしそう」

O 「描き方は簡単じゃ。まず，③の2×3からじゃ。CD∥BEとなるようにBEを引いて，線分AEの長さを測ってごらん」

R 「ワーッ。AE＝6になっている。すごい」

O 「では④の6÷3をやるぞ。BD∥CEとなるようにCEを引いて，線分AEの長さを測ってごらん」

R 「おっ，2cmになっています。不思議！」

O 「③，④のような作図ができる根拠は，

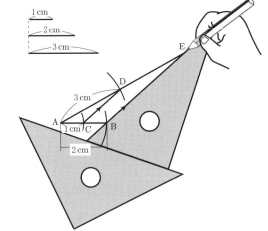

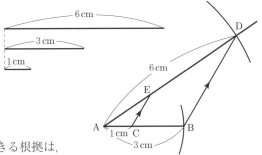

与えられた点を通り与えられた直線に平行線を引くこと

ができるとユークリッド『原論』に書かれているんじゃ。さらに，AEの長さが6cmや2cmになる根拠は第6巻に書かれている」

R 「なんだか，理屈っぽいけど，図形は面白そうですね」

[大畑貞治]

いわずと知れた πr^2

　円は大きさに関係なく，同じ形をしている。これは「すべての円は相似である」という。

【問題】　半径が2倍の長さになると，円の面積は何倍になるか。

　　（ア）　2倍　　　（イ）　3倍　　　（ウ）　4倍　　　（エ）　その他

確かめてみよう。

　同じ厚紙で半径5cmの円盤と半径10cmの円盤を作った。同じ材質だから，面積の比較は重さの比較で確かめることができる。

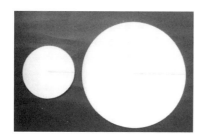

　正解は4倍である。

　円の面積はどのようにして求められてきたのだろうか。

　紀元前250年ころ，古代ギリシアで活躍したアルキメデス（BC287頃—BC212）は，

　　「円の面積は，底辺が円周の長さに等しく，高さが半径に等しい直角三角形の面積と同じになる」

ことを示している。

アルキメデス

やってみよう。

太めのひも（ロープ）などを用意する。

① ひもをまいて円を作る。

② 半径に合わせてひもを切る。

③ 円の外側のひもから順に伸ばしていく。

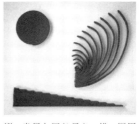

縦：半径と同じ長さ，横：円周
と同じ長さ

①の円の面積は，③の直角三角形の面積と同じである。ひもの幅をどんどん細くしていけば，円の面積は直角三角形の面積に近づく。

円の半径を r，円周率を π とすると，

$$面積 = 2\pi r \times r \div 2 = \pi r^2$$

つまり，

$$円の面積 = 半径 \times 半径 \times 円周率$$

で計算することができる。

最初の問題を計算で確かめてみる。円周率は 3.14 とする。

半径 $5\,\mathrm{cm}$ の円： 面積 $= 5 \times 5 \times 3.14 = 78.5$

半径 $10\,\mathrm{cm}$ の円： 面積 $= 10 \times 10 \times 3.14 = 314$

$314 \div 78.5 = 4$ _____4倍_____

【問題】 半径が3倍になると，円の面積は何倍になるか。

（ア） 3倍 　 （イ） 6倍 　 （ウ）9倍 　 （エ） その他

半径 r とその m 倍の半径 mr の2つの円を考える。円周率を π とする。

半径 r の円： 面積 $= r \times r \times \pi = \pi r^2$

半径 mr の円： 面積 $= mr \times mr \times \pi = \pi m^2 r^2$

$\pi m^2 r^2 \div \pi r^2 = m^2$

つまり，半径が m 倍の円の面積は m^2 倍になる。

ということで，上の問題は（ウ）9倍が正解である。

【問題】 500円硬貨の面積は1円硬貨の面積の何倍だろうか。物差しを使って実際に大きさを測って考えよう。

各硬貨の大きさ，重さは次の表のようになっている。

	直径(mm)	半径(mm)	厚み(mm)	孔径(直径)	重さ(g)
1 円	20.0	10.0	約 1.5		1
5 円	22.0	11.0	約 1.5	5 (mm)	3.75
10 円	23.5	11.75	約 1.5		4.5
50 円	21.0	10.05	約 1.7	4 (mm)	4
100 円	22.6	11.3	約 1.7		4.8
500 円	26.5	13.25	約 1.8		7

[解答]

　1 円硬貨の半径は 10 mm = 1 cm。

　500 円硬貨の半径は 13.25 mm = 1.325 cm。

　半径が 1.325 倍なので，面積はその 2 乗倍になる。

$$1.325^2 = 1.325 \times 1.325 = 1.755625$$

つまり，1.755625 倍になる。面積を計算して確かめてみよう。

　なお，2 つの硬貨の材質が異なるので，面積を重さで比較することはできない。ちなみに，1 円硬貨 7 枚と 500 硬貨 1 枚の重さがつり合う。

　紀元前 3 世紀，古代ギリシアの数学者ユークリッドは『原論』を著した。その中で，円の面積は円に内接する正多角形の面積と外接する正多角形の面積との中間にあること，そしてその辺の数を増やしていくことで"円の面積は半径の 2 乗に比例する"ことを示している。

　日本では，江戸時代に書かれた和算書『塵劫記』にも，円の面積を求める記事がある。

　まず，円を中心を通る直線で等分する。ピザを切り分けるようにするのである。切り分けた扇形の断片を互い違いにかみ合わせると，平行四辺形に似た形に並べることができる。円をどんどん細かく等分していくと，並べ替えた形は長方形に近づいていくと考えられる。この長方形の面積（たて × よこ）を計算すると，円の面積が求められる。

　厚紙などを利用して，実際にやってみよう。

[神田裕之]

7-13　箱詰め問題

1．円筒形のジュース缶を直方体の箱に詰める問題

直径 6 cm，高さ 12 cm の缶を，上下に重ねず，1 段だけ詰めることを考える。

例1（この詰め方を《普通詰め》と呼ぼう）：4 本 × 6 = 24 本 詰めることができる（図 1。真上から見た様子）。

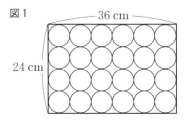

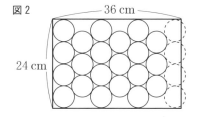

例2（図 2。《俵詰め》と呼ぼう）：4 本 × 3 ＋ 3 本 × 3 = 21 本しか入らない。

例3（図 3。《俵詰め》で）：少しは隙間があるが，かなり有効に詰まっている。はみ出していないかどうか，計算で確かめてみよう。

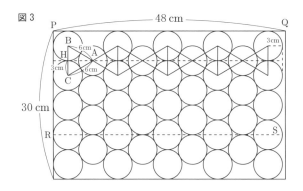

$AH : AB = \sqrt{3} : 2$ だから $AH = \dfrac{\sqrt{3}}{2} \times 6 = 3\sqrt{3}$

缶の左端から右端までの幅は $3+8\times3\sqrt{3}+3=6+24\sqrt{3}=47.56\cdots$ cm となり，はみ出していないので，$\underline{5\,本\times5+4\,本\times4=41\,本}\cdots\cdots(☆)$ 詰まっている。列が $5+4=\underline{9\,列}$ と1列増えたことが影響している（《普通詰め》5本 ×8列 ＝40本 より1本多く入る）。

　では，列を1列以上増やせるのはどんな場合だろう？　ジュース缶の直径を x cm $(x>0)$ とし，《普通詰め》横 n 列，《俵詰め》横 $n+1$ 列とすると，

$$nx\geqq\frac{\sqrt{3}}{2}x\times n+x \text{ より } n\geqq\frac{2}{2-\sqrt{3}}=7.46\cdots,\quad \text{よって } n\geqq8\cdots\cdots(★)。$$

つまり，《普通詰め》8列以上でないと増やせないのである。

　例3を少し一般化させてみよう。複雑にならないように，箱の大きさを《普通詰め》の規格，縦 y 個（長さ $6y$ cm），横 n 個（長さ $6n$ cm）で考える。

《普通詰め》ではジュースの缶の総本数は yn 本$\cdots\cdots$①。

《俵詰め》で $n+1$ 列として，総本数は次のようになる。

(1) $\underline{n\,が偶数のとき}$，奇数番目の列は y 個並んでいて $(\frac{n}{2}+1)$ 列あり，偶数番目の列は $(y-1)$ 個並んでいて $\frac{n}{2}$ 列ある。よって，上の$\underline{(☆)}$を参考にして，総本数は $y\times(\frac{n}{2}+1)+(y-1)\times\frac{n}{2}\cdots\cdots$②

　②＞①となるには $yn+y-\frac{n}{2}>yn$ から $y>\frac{n}{2}\cdots\cdots$③

(2) $\underline{n\,が奇数のとき}$，奇数番目，偶数番目ともに列は $\frac{n+1}{2}$ 列ある。

ジュースの総本数は

$$y\times\frac{n+1}{2}+(y-1)\times\frac{n+1}{2}\cdots\cdots④$$

④＞①となるには

$$y(n+1)-\frac{n+1}{2}>yn$$

よって $y>\frac{n+1}{2}\cdots\cdots$⑤

　始めの部分を表（右表）にする。

・上の$(★)$，③，⑤より，$n\geqq8$ の場合

箱詰め可能なジュース缶の総本数の変化（普通詰め➡俵詰め）

最左列の個数 y	普通詰めの列数 n			
	8	9	10	……
5	40➡41	45➡45	50➡	
6	48➡	54➡	60➡	
7	56➡	63➡		
8	64➡			
……				

を調べる。

・$n = 8$ 偶数のとき，③より $y \geqq 5$。

・$n = 9$ 奇数のとき，⑤より $y \geqq 6$。

$y = 5$ ならば，どちらの《詰め方》も 45 本で同じになる。

【問】 $y = 5, n = 10$ のとき，$y = 6, n = 8, 9, 10$ のときの《俵詰め》の総本数を求めよ。（解答は 286 ページ）

　箱詰めの問題はこのような工夫で，およそ解決できそうに思える。ところがあっと驚く展開がこのあと待ち受けている。

２．発展させよう

　ここからは，箱の大きさを縦 2 cm，横 1000 cm，缶の直径を 1 cm とする。

　《普通詰め》では $2 \times 1000 = \underline{2000}$ 個，《俵詰め（横 $n+1$ 列）》では $1000 \geqq n \times \dfrac{\sqrt{3}}{2} + 1$ より $n \leqq (1000-1) \times \dfrac{2}{\sqrt{3}} = 1153.5\cdots$，したがって $n = 1153$。横 1154 列で奇数番目，偶数番目はどちらも 577 列。缶は $\underline{2 \times 577 + 1 \times 577 = 1731}$ 個（縦が短いのですき間を有効に使えない）。

・ところが，ハンガリーの数学者トートが図4の詰め方を発見した。この方法では $\underline{2008}$ 個詰めることができる。

図4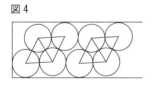
図5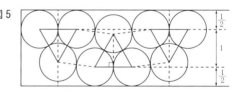

・1986 年アメリカの数学者グラハムは $\underline{2011}$ 個の詰め込みを発見した（図5）。

・その後，1989 年ハンガリーの数学者フュレディにより $\underline{2013\ 個以上は詰め込}$ めないことが証明された（ということは，2012 個詰めることができるかどうか？ が課題として残されたのである）。

　以上概観したように未解決の問題もあり，さらに箱・缶の形状（円，正方形，正三角形など）によりいろいろなバリエーションが考えられることがわかった。

［神田裕之・塩沢宏夫］

　どの方向にどれだけ進むか，「大きさ」と「方向」をもった量を**ベクトル**という。大きさを矢印の長さ，方向を矢印の向きで表す。

　このゲームは矢印 (→) で競争するゲームだ。

　ルールを説明しよう。

　ここに「ぐにゃぐにゃのコース」がある（209 ページの図）。スタート地点から出発して，ゴールに早く到着したほうが勝ち。進み方は矢印をつないで進んでいく。1 秒ごとに 1 つの矢印で進んでいく。

　2 人で競争だ！

　ゲート 1，ゲート 2 のどちらを選ぶか，じゃんけんで決めよう。ゲート 1 を選んだほうが先，ゲート 2 を選んだほうが後，交互に矢印を進めていく。

　スタート地点に並ぼう。どちらも，初めの 1 秒はまっすぐ前に 1 進むのが決まり。1 秒後は

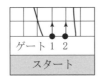

もし 2 秒後も 2 人が同じ矢印で進むと，2 秒後は

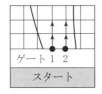

　このまま速さ 1 の矢印で前に進むだけでは時間がかかる。それに，前だけしか進めないとコーナーが曲がれない。だから，2 秒後からの矢印は，アクセル

208

とブレーキを使って，加速・減速ができるようにする。

加速・減速のルールはこうである。いまの矢印に対して，次の矢印は，前後に1，左右に1だけ加速・減速できる。たとえば，いまの矢印が右図の矢印のとき，次の矢印は，下の9つの矢印のどれかにすることができる。

- 加速減速なし

- 前に1加速

- 右に1加速

- 後に1減速

- 左に1減速

- 前と右に1加速

- 前に1加速，
  左に1減速

- 後に1減速，
  右に1加速

- 後と左に1減速

まず，最初に1人で練習してみよう。

・1秒後は，どちらも前に1の約束。

・2秒後は，どちらも前に1加速している。

・3秒後は，どちらも前と右に1加速。

ただし，コースのカベにぶつかってはだめ。

次は2人でやってみよう。

相手の矢印と交差しても大丈夫である。でも，矢印の先

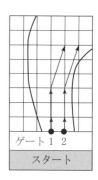

が同じところにあると，その場合はぶつかったことになるから，ぶつからない
ように気をつけて。

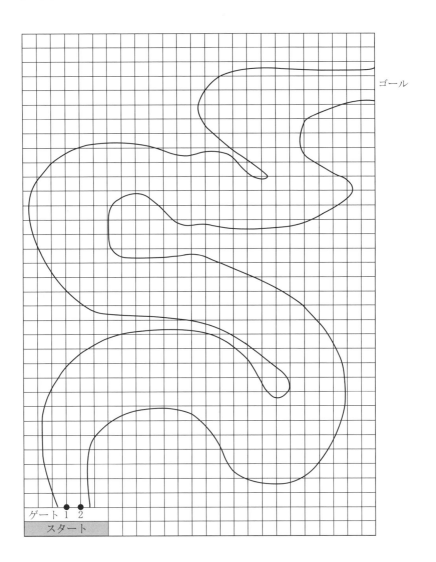

［齋藤美穂］

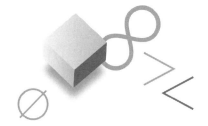

8

メガネでながめる
ふしぎな世界

2次関数のグラフは相似

特別な性質

　$y = x^2$ のグラフを描いてみる。$x = \cdots\cdots, -3, -2, -1, 0, 1, 2, 3, \cdots\cdots$ という値に対する y の値を計算すると下の表ができる。それらを点にとると，図のようになる。さらに中間の値をとり，そのとりかたをしだいに細かくしていくと，点は密集して連続した曲線になるだろう。これが2次関数 $y = x^2$ のグラフであり，「**放物線**」と呼ばれている。

x	y
$\vdots$	$\vdots$
3	9
2	4
1	1
0	0
-1	1
-2	4
-3	9
$\vdots$	$\vdots$

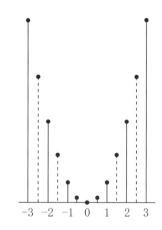

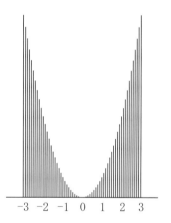

　放物線には面白い性質がある。放物線上のどの点をとっても，**焦点**と呼ばれる点からの距離と，**準線**と呼ばれる直線からの距離は，等しくなっている。

●紙を折って放物線

　紙をルール ①〜④ にしたがって折っていくと，放物線が現れる。その不思議さを体験してみよう。

【ルール】　① 長方形の紙の中に点を1つとって印を付け，F とする。

　② 紙の底辺が点 F を通るように折る。

③ 折り目に線を引く。

④ ②③を繰り返す。

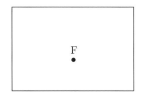 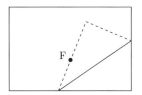 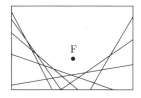

先生「線をどんどん引いてほしい。たくさん引けば引くほど綺麗な何かが見えてくる」

　最初はどうやって線を引くのかと戸惑うが，大丈夫。コツをつかめれば，いつしか，夢中になって紙を折って線を引いていくに違いない。

●同心円で放物線

　下図のように同心円の中心 F を焦点として，l（準線）と F から等しい点を結んでいくと放物線が出現する。

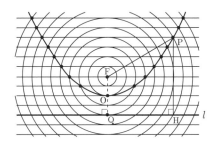

　点 F の座標を $(0, a)$，点 Q の座標を $(0, -a)$ とする。このとき点 P の座標を (x, y) とすれば，点 H の座標は $(x, -a)$ となる。点 P に対して，$|FP| = |HP|$ が成立する。両辺を 2 乗して，

$$x^2 + (y-a)^2 = (y+a)^2 \qquad \therefore \quad x^2 = 4ay$$

を得る。すなわち，点 P は 2 次関数 $x^2 = 4ay$ のグラフ上にある。

【問題１】　つぎの 3 つのグラフを描きなさい。3 つのグラフを比べることで，何を意味しているか考えよ。

214

$$y = x^2 \qquad\qquad y = 2x^2 \qquad\qquad y = \frac{1}{3}x^2$$

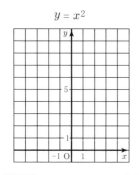 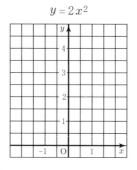 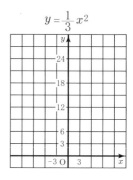

[**解説**] 3つのグラフを描いてみると，まったく同じ形の放物線に見える。3つの違いは，座標の目盛りの取り方である。すべての放物線は，回転移動や平行移動すれば $y = ax^2\,(a \neq 0)$ の形になる。そこで，放物線 $y = ax^2$ 上の点を (t, at^2) として，x 座標，y 座標をそれぞれ a 倍する。すると点は (at, a^2t^2) となり，これは放物線 $y = x^2$ の式を満たす。

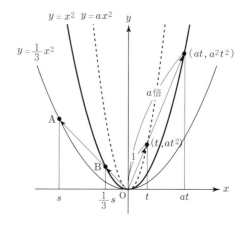

「2つの図形の対応する点どうしを通る直線がすべて1点Oに集まり，Oから対応する点までの距離の比がすべて等しいとき，それらの図形は，O を**相似の中心**として**相似の位置**にある」という。相似の位置にある2つの図形は，相似である。すべての円が相似であることと同様に，「**すべての放物線は相似である**」ということだ。楕円や双曲線などは，すべてが相似というわけにはいかない。2次関数のグラフである「放物線」だけの特別な性質である。

【**問題2**】 上の［解説］の図の $y = \frac{1}{3}x^2$ と $y = x^2$ のグラフを比べ，どちらがどちらの a 倍になっているかを調べよ。

【**問題3**】 $y = -\frac{1}{2}x^2$ と $y = x^2$ のグラフを描き，どちらがどちらの a 倍になっているかを調べよ。(問題2，問題3の解答は286ページ)　　　　　[加藤健治]

8-2 このお屋敷の庭のどこに壺がある？

料理人からのメッセージ

Mu さんと Se さんが話している。

Mu 「Se さん，突然ですが，『謎かけ』って知っている？」

Se 「知っているよ。どんな謎かけができたの？」

Mu 「『宝探しって，ピザと似ているよね』って？」

Se 「どういうことなの？」

Mu 「それは，地図（チーズ）が必要だ！！」

Se 「……。地図とチーズが同音異義語なわけだね。宝探しは，地図が必要だし，ピザもチーズは必須ですね」

Mu 「わかってくれて，ありがとう。嬉しいよ。その宝探しだけど，じつは3枚の地図が発見されたんだよ」

Se 「いつの時代の？」

Mu 「昭和10年代のらしい……」

Se 「本当なのか？」

Mu 「いやわからない。わかっていることは，その時代の料理人が，戦争に出征していくときに，極秘のレシピ集を壺に入れて，お屋敷の庭に隠したようだ」

地図以外に，但し書きが付いていた。そこには，

「目印とする3つの木を結んだ三角形における3つの点（重心，外心，垂心）を求めよ。そして，その3つの点を結んでできる線分上を掘ってみよ。必ず壺が見つかるであろう」

と書かれていた。

2人はまず，その3つの点（重心，外心，垂心）を地図上に求めた。

216

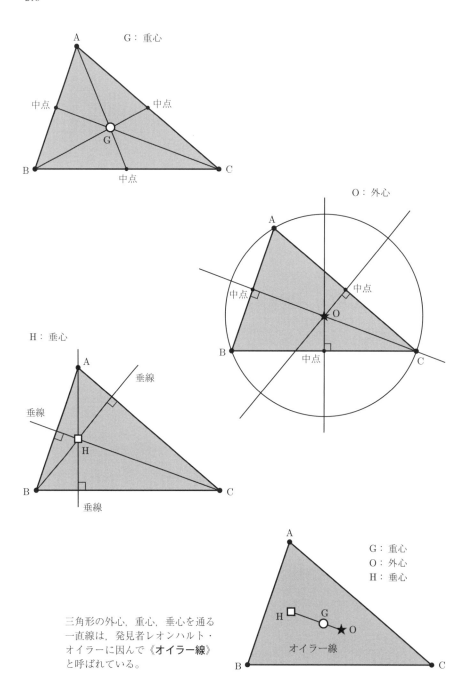

A　　G：重心

中点　　　　中点

G

B　　　中点　　　C

O：外心

A

中点　　　中点

O

B　　　中点　　　C

H：垂心

A

垂線

垂線

H

B　　　　　　　C

垂線

A

G：重心
O：外心
H：垂心

H　　G
　　　　★O

オイラー線

B　　　　　　　　C

三角形の外心，重心，垂心を通る
一直線は，発見者レオンハルト・
オイラーに因んで《**オイラー線**》
と呼ばれている。

　その解いた地図を重ねると，3つの点は一直線になる。この線分上を掘って
みた。すると，確かに壺が出てきた。中を開けてみると，次のことが書かれて
いる手紙が入っていた。

　　私は，ここのお屋敷で働いている料理人です。今，国中が戦争状態に入
　っています。私は若い頃，ヨーロッパで料理の修行を積んで，この国に戻
　ってきました。しばらくは，私が作ったものを，皆さん美味しい，美味し
　いと食べてくれていました。しかし，毎日の生活も困窮し，食材も手に入
　らなくなってきました。「贅沢は敵だ！」みたいなことも言われて，私の
　料理は，特に槍玉にあげられました。私が特に，得意だったのはイタリア
　料理です。特にピザに関しては，うんちくを語らせたら，私の右に出るも
　のはいないでしょう。ここに，そのレシピ集を後世に伝えるために，埋め
　ます。

　　最後に私からの後世の人たちへのメッセージで締めます。
　　「私にとっての料理とは，喜び，幸せ，うれしさ，命，生きがいでした。
　これは，非常時ではかなわないことです。料理が安心してできる世の中は，
　勝手にはやってきません。必死で求めたり，守らないと，いつの間にか非
　常時になってしまいます。これだけ伝えられたら，満足です」

Se　「なるほど。この時代はかなり深刻だったのですね」
Mu　「これがその料理人のレシピか！」
Se　「たしかにこのレシピには，イタリア料理からフランス料理まで，幅広く
書かれているね」
Mu　「私たちは，料理を自由にできる世の中を，このレシピとともに，次の世
代に伝えられるのだろうか？」

[中山 淳]

オウム貝の不思議

オウム貝の螺旋

　オウム貝は何億年も前から進化してないといわれ，生きた化石と呼ばれている。フィリピン沖の深い海に生息し，殻の中の酸素を調節して，海中を浮遊して餌を食べている。軟体動物門頭足類に属し，アンモナイトと同じ類の生物だ。下図はオウム貝の断面だ。大きな雑貨屋などで今でも買うことができる。

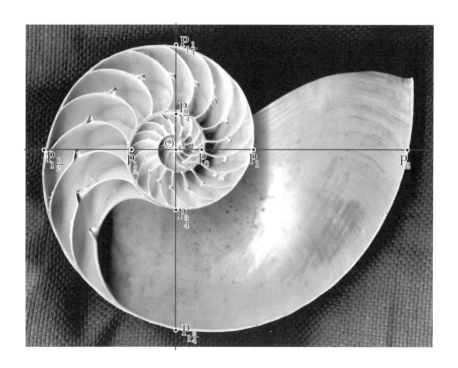

　オウム貝の螺旋上に点 P_n を何点か取っている。点 P_0 から螺旋に沿って n 回

転した点を P_n と書いている。たとえば，点 P_1 は点 P_0 から螺旋に沿って 1 回転
した点，点 $P_{\frac{1}{2}}$ は $\frac{1}{2}$ 回転した点ということである。そこで，点 O からの距離
を測ってみた。

	1回転 →	1回転 →
	OP_0	OP_1	OP_2
Oからの距離	約7mm	約21mm	約63mm
$OP_0 = 1$ のとき	1	3	3^2
	×3	×3

　1 回転すると。中心からの距離が 3 倍になっている。他のところでもなって
いるのだ。疑うのなら，次を測って空欄を埋めてみて。　　（解答は 286 ページ）

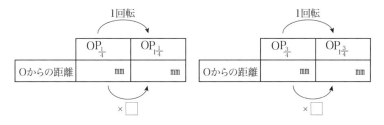

	1回転 →	
	$OP_{\frac{1}{4}}$	$OP_{1\frac{1}{4}}$
Oからの距離	mm	mm
	× □	

	1回転 →	
	$OP_{\frac{3}{4}}$	$OP_{3\frac{3}{4}}$
Oからの距離	mm	mm
	× □	

　実際に測ったら，ちょっとびっくりするよ。
　少し一般的にいうと，a を 1 回転したときの倍率，n を回転数とすると，O
からの距離 r は $r = a^n$ と書けるし，n 回転したとき a^n 倍になるといえる。

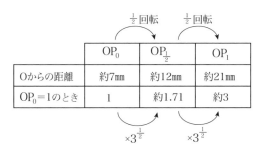

	$\frac{1}{2}$回転 →	$\frac{1}{2}$回転 →
	OP_0	$OP_{\frac{1}{2}}$	OP_1
Oからの距離	約7mm	約12mm	約21mm
$OP_0 = 1$ のとき	1	約1.71	約3
	$\times 3^{\frac{1}{2}}$	$\times 3^{\frac{1}{2}}$

　$\frac{1}{2}$ 回転を 2 回すると当然 1 回転で，O からの距離は 3 倍になる。では $\frac{1}{2}$ 回

転で，何倍になるだろうか。$3^{\frac{1}{2}} \times 3^{\frac{1}{2}} = 3$ となるのだから，$3^{\frac{1}{2}} = \sqrt{3}$ になる。測ってみると表に書いてあるように期待通りの数値になっている。

対数螺旋の性質

　対数の起源は 15 世紀の大航海時代にまでさかのぼる。当時，自分の船の位置を知るためには，球面三角法の複雑な計算をして，天体の位置から自分の船の位置を知る必要があった。スコットランドの城主ジョン・ネイピア（1550〜1617）はその計算を手早く行う方法として対数を考案したという。

　現在の対数の表記はスイスの数学者レオンハルト・オイラー（1707〜1783）による $y = \log_a x$ のようになった。これは指数関数 $x = a^y$ の「逆関数」だ。ただし，歴史的には対数のほうが早く考えられていたので，「対数螺旋」と名付けられている。

　対数螺旋については昔から知られていた。その性質のほとんどを発見したのは，スイスの数学者ヤコブ・ベルヌーイ（1654〜1705）。彼は対数螺旋のことを非常に気に入り「驚異の螺旋」と呼んでいたという。そして，亡くなったときには墓石に刻むように命じている。ところが，彫刻師は数学があまり得意ではなかったようだ。墓石に刻まれたのは対数螺旋ではなく，別のらせん「アルキメデスの 1 次螺旋」であった。そこにはこんな言葉が添えられているという。

　「変化しても同じように生まれ変わる（Eadem mutata resurgo）」

サザエの螺旋

　居酒屋でよく注文する，サザエのつぼ焼き。その蓋を持って帰って，対数螺旋に重ねてみたら，ピッタシ螺旋が重なった。深海のオウム貝でなくても，馴染みの貝も指数関数を知っていたことに感激！

[濱田俊太郎]

パラパラでサイン・コサイン

「$\sin\theta$（サイン・シータ）と $\cos\theta$（コサイン・シータ）ってなに？」と聞かれたら，あなたは何と答える？

分からないものの喩えによく出るサイン・コサイン。そんなに難しく考えず，観覧車で考えよう。

円運動するゴンドラの位置は，角度を使うと正確に伝えられる。ゴンドラの横の位置と高さも角度を使って表せれば便利だ。そこで登場するのが $\sin$ と $\cos$。ゴンドラの高さを表す記号が $\sin\theta$（θ は角度），横の位置を表す記号が $\cos\theta$ だ。細かい数値は必要になったら入れればよい。

観覧車を半径 1 の円と見て，その中心を原点とした座標を考える。

観覧車は反時計回りに動き，ゴンドラの出発点は座標 X(1, 0) とする。よって X の位置は 0°。一周して戻ってきたら 360°。

出発点 X から角度 θ 動いたところにきたゴンドラ P の高さは $y = \sin\theta$，横の位置は $x = \cos\theta$。たとえば 60°の場所の場合，

高さは $y = \sin 60° = 0.866$，

横の位置は $x = \cos 60° = 0.5$。

（これらの数値は，0°〜90°の 1°ごとの $\sin\theta$ と $\cos\theta$ の値を記した「三角比の表」を見ればわかる）

【問 1】 ゴンドラの位置 P が $\theta = 150°$, 270°の位置に来たときの，ゴンドラの高さと横の位置を求めよ。 （解答は 286 ページ）

次のページは，10°ごとの $\sin\theta$ の値を示した図である。

222

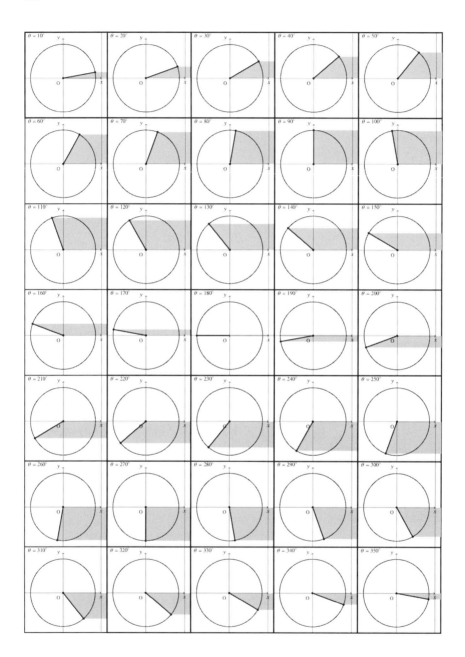

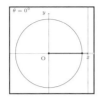 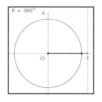

　前ページと上の $\theta = 0°$, $\theta = 360°$ の図を拡大コピーして，切り取って，重ねて，ちょっとずらしてパラパラしてみよう。サインの動きがよく分かる。

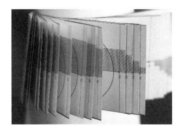

　$y = \sin\theta$ として，横軸に角度 θ, 縦軸に y をとってグラフを描くと，上の写真のような波があらわれる。

【問2】　コサインの動きも同じカードをパラパラして見ることができる。

　$\cos 0° = 1$ であることを考えると，何度から始めればコサインの動きとなるだろうか。

【問3】　この波の形は身近で見ることができる。さて，どこにあるかな？

（問2, 問3の解答は286-287ページ）

[宮本明子]

指数・対数を折る

なんと, じわじわと膨張して, 1時間に2倍の倍率で大きくなり続けている不思議なアンパンがある。

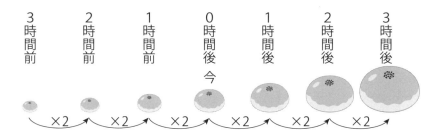

「今」の量を1として, 経過時間を x, そのとき何倍になったかを y とすると

$$y = 2^x$$

と表される。当然のごとく, 1時間後, 2時間後, 3時間後は $2^1=2$, $2^2=4$, $2^3=8$ で, 2倍, 4倍, 8倍となる。

0時間後, すなわち元の量は1だから, $2^0=1$ とするのが自然というもの。

【問】 このアンパンが, 基準から1時間前には, 元の何倍だろうか。2時間前, 3時間前は何倍だろうか。

【答】 図を見れば, 1時間前は -1 時間後で, $2^{-1}=\dfrac{1}{2}$ 倍, 2時間前は $2^{-2}=\dfrac{1}{4}$ 倍, 3時間前は $2^{-3}=\dfrac{1}{8}$ 倍 となる。

3時間前	2時間前	1時間前	0時間後
$2^{-3}=\dfrac{1}{8}$	$2^{-2}=\dfrac{1}{4}$	$2^{-1}=\dfrac{1}{2}$	$2^0=1$

÷2　÷2　÷2

　さて，今度はじわじわと膨張する様子をグラフにしてみる。

　A4 などのコピー紙があれば使うとよい。次のように折線を付けて，グラフ
を描いていく。

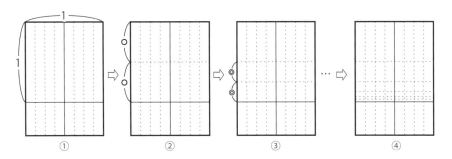

①　コピー紙を縦に折って，8 等分の折線を入れて，真ん中の線は実線を描
く。上辺から長さ 1 のところに実線で横線を入れる。

②　図のように横実線から上辺までを 2 等分のところを折る。

③　図のように 2 等分のところを折る。

④　同じようにあと 3 回繰り返
して，折線を入れる。

　最後に，右図のように x 軸と y
軸に数値を書く。

　$2^0=1$，$2^1=2$，$2^2=4$，$2^3=8$
より，x 軸の正の部分にじわじわ
と膨張している気分で，滑らかな
線でグラフを描く。$2^{-1}=\dfrac{1}{2}$，

$2^{-2}=\dfrac{1}{4}$，$2^{-3}=\dfrac{1}{8}$ より x 軸の負の

部分にも滑らかな線でグラフを描
く。これで $y=2^x$ のグラフの完成。

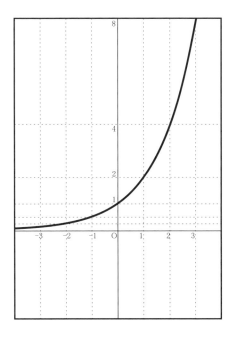

あんぱんが倍率 2 で 8 倍になった経過
時間 ? を $\log_2 8$ と書く。

$$2^? = 8$$

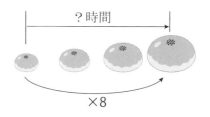

ということなので，$\log_2 8 = 3$ である。
ずらっと書いてみると

$$\log_2 1 = 0, \ \log_2 2 = 1, \ \log_2 4 = 2, \ \log_2 8 = 3$$

$$\log_2 \frac{1}{2} = -1, \ \log_2 \frac{1}{4} = -2, \ \log_2 \frac{1}{8} = -3$$

$y = 2^x$ の逆関数が $y = \log_2 x$ ということで，上の数値を利用して，$y = \log_2 x$
のグラフを描いてみた。

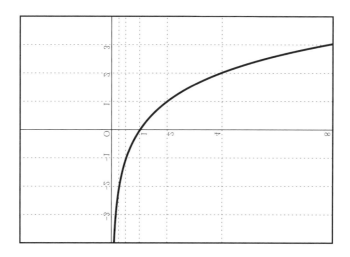

　これは，$y = 2^x$ のグラフを，直線 $y = x$ を回転軸にして，縦軸と横軸が入れ
換わるようにクルッと回転させると，できる。

　$y = 2^x$ も $y = \log_2 x$ も，x が大きく大きくなれば，いくらでも大きくなる。
それは，$\displaystyle \lim_{x \to \infty} 2^x = \infty$，$\displaystyle \lim_{x \to \infty} \log_2 x = \infty$ ということ。しかし，$y = \log_2 x$ のグラフ
を見ると，とても無限大まで大きくなるとは思えない。不思議だ。

[大川内 進]

　「ハノイの塔」というゲームは，19世紀の
フランスの数学者リュカが著書『数学遊戯』
に，次のような話を添えて紹介している。

【ハノイの塔の伝説（要旨）】今から約5000年前，世界の中心といわれるイン
ドの大寺院の聖堂に，ダイヤモンドの柱が3本立っていた。インドの神ブラー
マは世界創造のとき，その柱の1本に大きさの違う黄金の円盤64枚をピラミ
ッド状に差し込んでおき，僧侶たちに「3つの戒律を守って，積み上げられた
すべての円盤を他の柱に移し換えよ」と命じた。

> ## ３つの戒律
> ・1回に1枚の円盤しか動かしてはならない。
> ・円盤を柱以外の場所に置いてはならない。
> ・小さい円盤の上に，それより大きな円盤を載せては
> 　ならない。

　そして，ブラーマは，この円盤がすべて他の柱に移ったとき，世界は消滅す
ると予言した。僧侶たちが64枚すべての円盤を他の柱に移すのに，円盤を何
回動かさなければならないか？――

　いきなり64枚の円盤で考えるのは難しいので，円盤の数を1枚，2枚，3枚
と少しずつ増やしながら様子を見ることにしよう。
　円盤が1枚のときは，当然1回で他の柱に移る。
　次に2枚の円盤で考えてみよう。2枚の円盤は，次ページ図のように，
　(1)　小さな円盤を他の柱に移す。
　(2)　大きな円盤をもう1本の柱に移す。
　(3)　小さい円盤を大きな円盤の上に移す。

という3回の手順で他の柱に移すことができる。

円盤が3枚のときは，上記の2枚の円盤を他の柱に移す3回の手順がわかっていれば，次のように考えると，7回で移せることがわかる。

（1） いちばん大きな円盤の上に乗っている2枚の円盤を他の柱に移す（上記の3回の手順で移せる）。

（2） いちばん大きな円盤をもう1本の柱に移す（1回の手順で移せる）。

（3） 移しておいた2枚の円盤をいちばん大きな円盤の上に移す（上記の3回の手順で移せる）。

円盤を動かす回数は，（1）で3回，（2）で1回，（3）で3回なので，3+1+3 = 7回円盤を動かせば，3枚の円盤を他の柱に移すことができる。

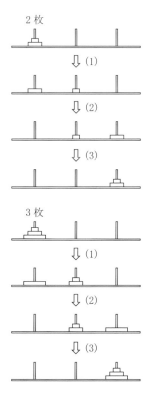

4枚の円盤を移す回数は，3枚の円盤を他の柱に移す回数が7回であることを利用して，上の（1），（2），（3）の3つの手順を踏んで，7+1+7 = 7×2+1 = 15と計算される。以下同様にして，

（5枚の円盤の回数）

= （4枚の円盤の回数）×2+1 = 15×2+1 = 31

と求められる。ところが64枚の円盤の回数を求めるためには，階段を一歩一歩登るように計算を続けなければならない。これは少ししんどい。一気に求めることはできないだろうか？　そこで，高校で学ぶ数列の知識を借りる。

数列とは，規則をもった数の列のことで，一つ一つの数を「項」と呼んでいる。1番目の数を初項，2番目の数を第2項，3番目の数を第3項，そしてn番目の数を第n項と呼び，次のように表す。

a_1, a_2, a_3, a_4, a_5, …, a_n, ……

いま考えている「ハノイの塔」で現れる数列は，

a_1, a_2, a_3, a_4, a_5, …, a_{64}

1, 3, 7, 15, 31, …, ?

と表される。求めたい数は第64項の a_{64} である。

　一般に n 枚の円盤を他の柱に移す手順がわかれば，$(n+1)$ 枚の円盤は，次の (1) (2) (3) の手順を踏むことによって他の柱に移すことができる。

　(1)　いちばん大きな円盤の上に乗っている n 枚の円盤を他の柱に移す。

　(2)　いちばん大きな円盤をもう1本の柱に移す。

　(3)　移しておいた n 枚の円盤をいちばん大きな円盤の上に移す。

n 枚の円盤を他の柱に移すのに必要な回数を a_n 回とすると，円盤を移す回数は，(1) で a_n 回，(2) で1回，(3) で a_n 回である。したがって，$(n+1)$ 枚の円盤を他の柱に移すのに必要な回数 a_{n+1} は，次の式で表される。

$$a_{n+1} = a_n + 1 + a_n = 2a_n + 1, \quad a_1 = 1 \quad \cdots\cdots (\bigstar)$$

この (★) の式を使えば，

$$a_2 = 2a_1 + 1 = 2 \times 1 + 1 = 3$$
$$a_3 = 2a_2 + 1 = 2 \times 3 + 1 = 7$$
$$a_4 = 2a_3 + 1 = 2 \times 7 + 1 = 15$$
$$a_5 = 2a_4 + 1 = 2 \times 15 + 1 = 31$$

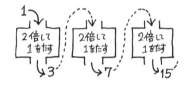

のように順次 a_n を計算できる。(★) のように，次の項が順次求まっていく式は漸化式と呼ばれている。この漸化式で表される数列の第 n 項を求めよう。

　そのため数列 a_n の各項に1を加えた数列 $a_n + 1$ を考えてみよう。

$$a_n : 1, \ 3, \ 7, \ 15, \ 31, \ 63, \ \cdots\cdots$$
$$a_n + 1 : 2, \ 4, \ 8, \ 16, \ 32, \ 64, \ \cdots\cdots$$

なんと，2の累乗の数列が現れる。式で確かめると

$$a_{n+1} + 1 = 2a_n + 1 + 1 = 2(a_n + 1)$$

である。これより $a_n + 1 = 2^n$ がわかる。すなわち第 n 項は $a_n = 2^n - 1$ である。

　僧侶たちが64枚のすべての円盤を移し終えるには $(2^{64} - 1)$ 回も円盤を動かさなければならない。僧侶たちが円盤を1回1秒で動かすとして，64枚のすべての円盤を移し終えるまでどれくらい時間がかかるだろうか？

$$(2^{64} - 1)秒 = 1,846,744,073,709,551,615秒 = 5.845 \times 10^{11}年$$

約5845億年かかることになる。現在の宇宙は138億年前に誕生したといわれている。僧侶たちが64枚の円盤を移し終え，世界が消滅するのはずいぶん先のことになる。

[阪田祐二]

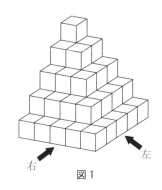

図1

右　左

5
4
3
2
1

図2

太郎「図1のようなひな壇ディスプレイを部屋の隅に作ろうと思うんだ」

花子「立方体の発泡スチロールを売ってたよ」

太郎「立方体を貼り合わせていけば簡単に作れるね。よし，それでいこう」

花子「何を何個ぐらい飾りたいの？」

太郎「正方形の台に一体ずつ，恐竜のフィギュアを100体ぐらい飾りたいんだ」

花子「そうすると何段にすればいいのかしら？」

太郎「上から見れば，正方形の台が全部見えるでしょ。図2で左に書いてある数は立方体がいくつ積んであるかを表している。正方形の台の個数は $5 \times 5 = 25$ で，このとき段数は5段だよ」

花子「正方形の台を $100 = 10 \times 10$ にするには，同じに考えて10段ということね」

太郎「つまり，n 段では n^2 個のフィギュアが飾れるということになる」

花子「ところで，このひな段を作るのに，立方体はいくつ使われているのかしら」

太郎「図1で，上の段から立方体の総和を考えると，$1 + 2^2 + 3^2 + 4^2 + 5^2$ となっている。これは平方数の和ということになるよ」

花子「簡単に計算する方法はないのかしら」

太郎「図1を今度は矢印の方向に正面から見た図を描いてみよう。これは，矢印の奥側に倒して，上から見たと思ってよい。2つの方向から見ると図3，図

4のように対称な形が見える」

花子「書いてある数は，そこにいくつ立方体が
積み上がっているかを表してるわけね」

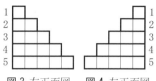

図3 右正面図　図4 左正面図

太郎「その通り。ここで計算しやすいように，
この3つの図形を並べ替えてみよう」

花子「高さが揃うようにすると計算しやすそう
だわ。図3を180°回転し，図4を時計回りに
90°回転して高さを揃えて並べると，図5がで
きたわ」

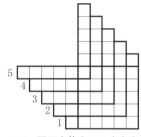

太郎「どの高さの段も正方形の台の数は5+5
+1 = 11 となるから，全部で 11×(1+2+3
+4+5) = 165 となる。3等分して55個の立方
体で作られている。

図5 同じ立体を3つ向きを
変えて高さを揃える。

　これを一般化すればいいから，n 段のときに必要な立方体の総数は，5段を
n 段に変えて3で割ると，

$$1^2+2^2+3^2+\cdots+n^2 = \frac{(2n+1)(1+2+3+\cdots+n)}{3}$$

になる」

花子「自然数の和の求め方は知っているわ。図6か
ら

$$1+2+3+\cdots+n = \frac{n(n+1)}{2}$$

そうすると，

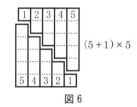

$(5+1)\times 5$

図6

$$1^2+2^2+3^2+\cdots+n^2 = \frac{(2n+1)\times \dfrac{n(n+1)}{2}}{3} = \frac{n(n+1)(2n+1)}{6}　」$$

花子「ところで，立方数の和はどうやったらいいか気になるわ」

太郎「九九の表の秘密って知っている？　表に出てくる数を全部足すとどうな
るかということなんだけど。ここでは5×5までの表で考えてみよう。

図 7 で，順に段ごとに和を取っていくと，

$$(1+2+3+4+5) \quad \times 1 \quad \leftarrow 1 \text{ の段}$$
$$+(1+2+3+4+5) \quad \times 2 \quad \leftarrow 2 \text{ の段}$$
$$+(1+2+3+4+5) \quad \times 3 \quad \leftarrow 3 \text{ の段}$$
$$+(1+2+3+4+5) \quad \times 4 \quad \leftarrow 4 \text{ の段}$$
$$+(1+2+3+4+5) \quad \times 5 \quad \leftarrow 5 \text{ の段}$$
$$= (1+2+3+4+5)(1+2+3+4+5)$$
$$= \{1+2+3+4+5\}^2$$

	1	2	3	4	5
1	1	2	3	4	5
2	2	4	6	8	10
3	3	6	9	12	15
4	4	8	12	16	20
5	5	10	15	20	25

図 7

一方で，図のように鍵型に区切って和を考えると，

$$1+2(1+2+1)+3(1+2+3+2+1)+4(1+2+3+4+3+2+1)$$
$$+5(1+2+3+4+5+4+3+2+1) = 1+2^3+3^3+4^3+5^3 \quad \rfloor$$

花子「立方数の和となっているのね。私に一般化させて。九九の表の総和は

$$(1+2+3+\cdots+9)^2 = \left(\frac{9\cdot10}{2}\right)^2 = 2025$$

立方数の和は，

$$1^3+2^3+3^3+\cdots+n^3 = (1+2+3+\cdots+n)^2 = \left(\frac{n(n+1)}{2}\right)^2 \quad \rfloor$$

太郎「和の記号 $\overset{\text{シグマ}}{\Sigma}$ というのがあって，$\sum_{k=1}^{5} k$ だったら，k に順に 1 から 5 まで代入して，出てきた数の和を取るということ，つまり $1+2+3+4+5$ を表す」

花子「そうすると，自然数の和は，

$$\sum_{k=1}^{n} k = 1+2+3+\cdots+n = \frac{n(n+1)}{2}$$

お母さん，Σ を使って平方数と，立方数の和を表せる」

花子の母「難しいことやっているのね。さっきテレビでギリシャの町でショッピングする番組をやっていたんだけれど，町中ギリシャ文字だらけなの。Σ（ヒグマ？）なんか出てきたら，私は死んだふりしたいわ。ギリシャの人，大丈夫かしら」

[野町直史]

8-8 比例で世界を見る

オームの法則って何?

　台風のとき，誰しも停電で家の中が真っ暗になった経験があるにちがいない。そんなとき，懐中電灯を点ける。しかし，久しぶりに点けると，その光り具合は弱々しいことがある。それは電池の電圧と電流が弱くなったからである。電圧と電流は関係があるのだろうか。

　じつは電流の大きさは電圧の大きさに比例している。電流の大きさを y，電圧の大きさを x，比例定数を a とすれば，$y = ax$ という正比例関数の式で表され，[グラフ1]のように，原点 $(0, 0)$ を通る傾き a の直線になる。

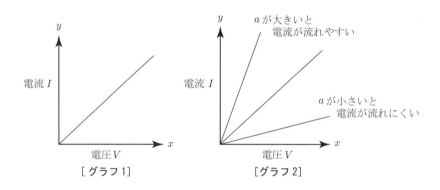

[グラフ1]　　　　　　　　[グラフ2]

　$y = ax$ を電圧（V）と電流（I）を使って表すと，

　　　　電流$(I) = a×$電圧(V)　　……①

になる。

　[グラフ2]を見てみよう。比例定数 a が大きければ大きいほど電流が流れやすく（1秒間に流れる電子は多く）なり，比例定数 a が小さければ小さいほど電流が流れにくく（1秒間に流れる電子は少なく）なることがわかる。つまり a は電流の**流れやすさ**を表していることになる。

「ある物質にかける電圧を2倍，3倍，……にすると，電流も2倍，3倍，……になる」

この法則は**オームの法則**という。

なぜこうなるだろうか？　電流は1秒間に電子が何個流れるかを示していて，電圧は1つの電子がどれくらいの勢いで流れるか，すなわち電源のもつ勢いを示している。だから電子が流れる勢いが2倍，3倍，……になれば，1秒間に流れる電子の個数も2倍，3倍，……になる。このことが，電流の大きさは電圧の大きさに比例するという意味である。

もう1つ大切なことは，物質を変えれば電圧が同じ大きさ（1つの電子の流れる勢いが同じ）でも電流の大きさ（1秒間に流れる電子の個数）が変わるということだ。たとえば，3V（3ボルト）の電圧をかけたとき1A（1アンペア）が流れる物質 α もあれば，2A が流れる物質 β もある。

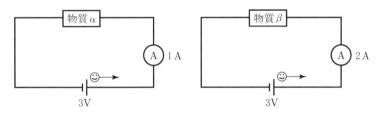

（電流はプラスからマイナスに流れるが，電子の流れは逆である）

① 式を変形すると，

$$電圧(V) = \frac{1}{a} \times 電流(I) \qquad ……②$$

になる。この式は，電流を2倍，3倍，……にすれば電圧も2倍，3倍，……になるという比例関数を表している。

この比例定数 $\frac{1}{a}$ について考えてみよう。$\frac{1}{a}$ は a の逆数だから，a が大きくなると $\frac{1}{a}$ は小さくなり，a が小さくなると $\frac{1}{a}$ は大きくなる。つまり，比例定数 $\frac{1}{a}$ は電流の**流れにくさ**を表していることになる。この電流の流れにくさを**抵抗 (R)** という。

つまり，$\dfrac{1}{\text{電流の流れやすさ}}$ が抵抗の正体である。

② 式の $\dfrac{1}{a}$ の代わりに抵抗 (R) と書くと，

$$\text{電圧}(V) = \text{抵抗}(R) \times \text{電流}(I)$$

と書ける。これでオームの法則の式が導かれた。

オームの法則と $\dfrac{1}{a}$ のイメージ

たとえば，競技場の入場ゲートにたくさんの入場者がつめかけている状況を考えてみよう。ゲートの数が少ないと，競技場になかなか入れず，人の流れが悪い。ゲートの数が多いと，人の流れはスムーズになる。人の流れを y，入場者の人数を x，ゲートの数を a とすれば，正比例関数 $y = ax$ が成り立つと見なすことができる。

ここで，比例定数が $a = 2$ の場合と $a = 6$ の場合を考えよう。

$$a \qquad\qquad \dfrac{1}{a}$$

$$2 < 6 \qquad \dfrac{1}{2} > \dfrac{1}{6}$$

a は大きければ大きいほど入場者の流れが良いことを表し，逆に $\dfrac{1}{a}$ は大きければ大きいほど入場者の流れが悪いことを表している。つまり $\dfrac{1}{a}$ は入場しにくさを表しているといえる。これがオームの法則のイメージである。

正比例関数は，自然現象や社会現象を解析する素朴で強力な道具である。

【問題】　電圧が 3 V，電流が 2 A のとき，回路の抵抗を求めなさい。

（解答は 287 ページ）

[中西正治]

8-9 微分・積分 免許皆伝

極意を伝授

1．新幹線の時刻表から

旅行で新幹線に乗るときは，「時刻表」で発車時刻や到着時刻を調べる。時刻表には，列車の始発駅から各駅までの距離が「営業キロ」として掲載されている。たとえば東北新幹線上り「はやぶさ4号」の各駅の時刻を調べてみた（表1）。「営業キロ」は始発駅からの距離であり，列車の「位置」を表している。

		はやぶさ 4号	
駅	営業キロ	着時刻	発時刻
新青森	0		6：18
八戸	81.8	6：41	6：42
盛岡	178.4	7：10	7：11
仙台	361.9	7：51	7：53
大宮	683.4	8：59	9：00
東京	713.7	9：23	

表1　はやぶさ4号の時刻表

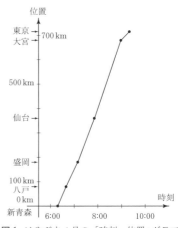

図1　はやぶさ4号の「時刻−位置」グラフ

表1から横軸に時刻，縦軸に位置（営業キロ）をとりグラフに表してみよう（図1）。グラフで，大宮・東京間だけちょっと雰囲気が違っていることに気が付いたかな？　これは何を意味しているのだろうか？

大宮・東京間のグラフの傾きがそれ以外の区間とは異なっている。

図1のグラフの傾きは

$$傾き = \frac{たて}{よこ} = \frac{移動距離}{移動時間} = 速さ$$

を表している。東京・大宮間はゆっくりと走っているのだね。

2. 速さのグラフへ

図1のグラフの傾きが速さを表していることがわかった。それでは，各駅間の速さを計算してみよう。各区間の速さを求めると以下のようになる。

(1) 新青森〜八戸　81.8 km ÷ 23 分 = 213 km/時

(2) 八戸〜盛岡　96.6 km ÷ 28 分 = 207 km/時

(3) 盛岡〜仙台　183.5 km ÷ 40 分 = 275km/時

(4) 仙台〜大宮　321.5 km ÷ 66 分 = 292km/時

(5) 大宮〜東京　30.3 km ÷ 23 分 = 79 km/時

この結果を，横軸に時刻，縦軸に速さとしてグラフに表してみよう（図2）。

このように，「時刻 - 位置」グラフから傾きを調べて「時刻 - 速さ」のグラフを作ることを「微分する」というのだ。

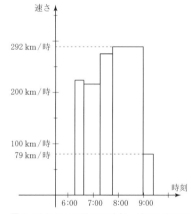

図2　はやぶさ4号の「時刻 - 速さ」グラフ

3. 速さから移動距離へ

速さを求める式，

速さ = 移動距離 ÷ 移動時間

の式から，

速さ × 移動時間 = 移動距離

と変形して，速さから移動距離が計算できる。

(1) 新青森〜八戸　213 km/時 × 23 分 = (81.8−0) km

(2) 八戸〜盛岡　207 km/時 × 28 分 = (178.4−81.8) km

(3) 盛岡〜仙台　275 km/時 × 40 分 = (361.9−178.4) km

(4) 仙台〜大宮　322 km/時 × 66 分 = (683.4−361.9) km

(5) 大宮〜東京　79 km/時 × 23 分 = (713.7−683.4) km

この (2)(3)(4) の式を足し合わせると，左辺は各駅間の速さ × 時間の合計，右辺は + と − で相殺しあい，結局は八戸から大宮までの距離になる。すなわち

速さ × 時間の合計

= 最後の位置 − 最初の位置（= トータルの移動距離）

このように，「時刻 − 速さ」グラフから区間ごとに移動距離を計算して足し合わせる計算が「積分」なのだ。

4．斜面を転がる鉄球のグラフとグラフの傾き

斜面を転がり始めてから x 秒間で鉄球が転がった距離 y の間には $y = ax^2$ という関係がある。このグラフを坂道に見立てると，時々刻々，傾きが大きくなっていく。

この坂道を登る人は，その地点における足の傾きを感じて，頭の中ではその足の傾きがまっすぐ，ずーっと続いているように感じている。これをこの地点の傾きと考えよう。

この傾きの
坂道だ！

図3 曲がった坂道，
　　　その点における傾きとは

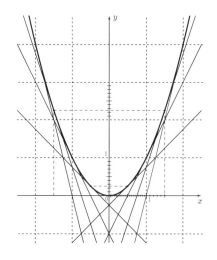

位置 $= (時刻)^2$ のグラフの各 x における傾きを計算して表にしよう（微分しよう）。

x	-2	-1.5	-1	-0.5	0	0.5	1.0	1.5	2
傾き	-4	-3	-2	-1	0	1	2	3	4

規則性が見つかったかな？　「傾き ＝ 2×時刻」だね。

[宮本次郎]

にゃ～お！
ねこは**何匹**いるかな？

ねこは何匹いるだろうか。あなたはどのように数える？

小学生とそのお父さんお母さん，約 50 人にこの問題を出したら大騒ぎ。小

学1，2年生は「いち，に〜，さん，し〜，ご〜，……」と数えたり，お父さん，お母さんは「$1+2+3+4+5+\cdots\cdots+27+28+29+30$，わ〜，高校のとき習った公式忘れたからできない〜」といったり。そんな中，前のほうの4年生の2人は，2人のプリントを折ったり重ねたりして「わかった！　できた！！」と大はしゃぎ！

　2人が考えた方法を，ねこの代わりに□で作った階段図形で説明すると，下の図のようだった。同じ階段を2つ重ねると，ヨコ30，タテ $30+1=31$ の長方形

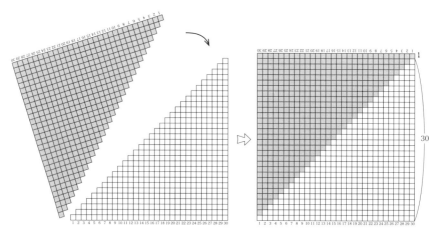

ができる。この長方形に含まれる□の数は $30(30+1)$ となるので，階段図形1つ分は，その半分になる。よって，

$$1+2+3+4+5+\cdots\cdots+27+28+29+30 = \frac{30(30+1)}{2} = 465$$

となると考えたのだ。

【問1】　2人は，ねこは何匹と答えただろう？

【問2】　$1+2+3+4+5+6+\cdots\cdots+(n-2)$
　　　　$+(n-1)+n = \dfrac{n(n+1)}{2}$

となることを，図を参考にして説明できるかな。

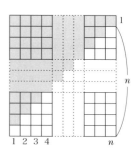

【問3】　次の計算もやってみて。

①　$1+2+3+4+5+\cdots\cdots+997+998+999+1000$

②　$101+102+103+104+105+\cdots\cdots+197+198+199+200$

今度は，少し違う足し算をしてみよう。

$5+7+9+11+13+15+17+19+21+23$

最初の階段の高さが5，次からの階段の高さは2になっている。高校数学風にいえば，

初項5，公差2の等差数列の，初項から第10項までの和

となるが，聞かなかったことにしてもいい。

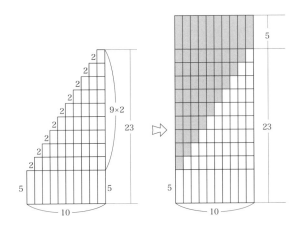

やはり，図を描くと階段図形になり，同じ階段図形を重ねる。すると，ヨコ10，タテ $23+5=28$ の長方形になるので，答えは次になる。

$$5+7+9+11+13+15+17+19+21+23 = \frac{10(23+5)}{2} = 140$$

【問4】　次の計算をして！

$5+8+11+14+17+20+\cdots\cdots+59+62+65$

（問の解答は287ページ）

［何森 仁］

ふりこの実験

あなたは超能力者？──念力でふりこを動かす実験！

しもまっちとしもまちこが，ふりこを使って「念力」の実験をするよ。みんなも一緒にやってみよう。

●**用意するもの**：割り箸1本，糸，5円玉4個（50円玉でもよい）

●**つくり方**：5円玉の穴に糸を通して結び，割り箸にぶら下げ，3つのふりこ A，B，C を作る。B は2個の5円玉を使う。また B と C の糸の長さは等しい。

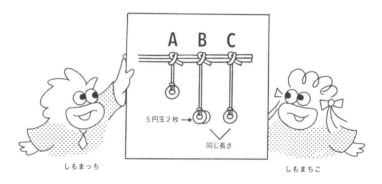

しもまっち　　　　　　　　　　しもまちこ

●**実験1**

図のように，割り箸の端を手で持つ。

A のふりこの揺れとあなたの呼吸を合わせてみよう。すると，A のふりこが大きく揺れ出す。

●実験2

今度は，Bのふりこのリズムに合わせて呼吸してみよう。すると，BとCのふりこが，図のように，ともに大きく揺れ出す。

●実験のまとめ

しもまっちとしもまちこが，この実験を行ってわかったことを，しもまにこふ先生に説明している。

しもまにこふ

まっち：まず，Aのふりこのリズムに息を合わせていたら，Aのふりこだけが大きく振れた。なぜなんだろう。

にこふ：それは君の呼吸のリズムが手に伝わり，手から割り箸を通して糸に伝わったんだ。Aのふりこと同じリズムだったから大きく振れたんだね。これを**共振**というんだ。

まちこ：気づいたのは，振れ幅が大きいときも小さいときも，呼吸のリズムは変わらなかったことなのよ。

まっち：それって，振れ幅が大きくなっても1往復にかかる時間は変わらないってことなのかな？

にこふ：そうだ。これを「ふりこの等時性」というんだ。**糸の長さが一定のとき，振れ幅が大きくても小さくても，往復する時間は同じ**ということ。これは，16世紀の科学者ガリレオ・ガリレイがピサの斜塔内にあるシャンデリアの揺れを見て発見したといわれる法則なんだ。

まちこ：当時，ストップウォッチはあったのかしら。

にこふ：彼は時計のかわりに自分の脈拍で時間を測ったらしいんだ。

まっち：実験2で気づいたことは，Bのふりこに合わせて呼吸をシンクロさせ

ると，ＢとＣが一緒に揺れ出したんだ。Ｂは５円玉が２個あるから
重さはＣの２倍なんだけど……

まちこ：ということは，**振り子が１往復する時間は，重さとは無関係で，糸の
長さだけに関係している**ということね。

にこふ：そうだ。振り子が１往復する時間を「周期」という。周期は糸の長さ
によって決まるんだね。

まっち：糸の長さと周期には一体どんな関係があるんだろう。

にこふ：じつは，周期は糸の長さの平方根に比例する。つまり，周期を y（秒），
糸の長さを x（m）とすると，ほぼ $y = 2\sqrt{x}$ という無理関数の形で
表されるんだ。

※実際は $y = \dfrac{2\pi}{\sqrt{g}}\sqrt{x}$ だが，係数を計算すると $2 \times 3.14 \div \sqrt{9.8} \fallingdotseq 2$

【オマケの実験】メジャーを使って１秒と２秒を測ってみよう

　下図のようにひも型のメジャーを使えば，長さを自由に調整できるよね。

　$y = 2\sqrt{x}$ の式から，１秒測るには約 1/4 m（25 cm），２秒の場合は約１mの
長さのふりこを作ればよい。ちなみに 25 cm のとき１秒になることを確認す
る場合は，10 往復で 10 秒になることを調べればいいよ。

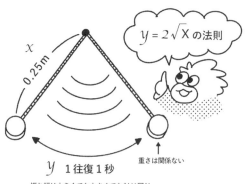

［下町壽男］

9

これはビックリ！
おどろいた

9-1　きれいでキレイな長さの形

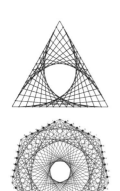

左の図。

一見すると曲線のようだが，よく見ると直線の集まりであることがわかる。

定規を使って線を引く――これは，算数に限らず，いろいろな場面で行われる。

しかし，きちんと線を引くことができない子が少なからずいる。それも，低学年だけではなく，高学年でも――じつは，大人でも。

きちんとできるようにするためには練習が大切だが，ただやみくもに線を引くだけではおもしろくない。

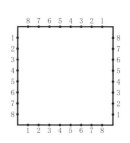

右の正方形の隣どうしの辺の，1番と1番の点を直線で結びます。次に，2番と2番，3番と3番，……というように，線を引いていきます。これをくり返すと……。

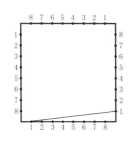 ⇨ 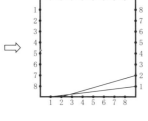 ⇨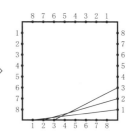

あれ？直線を引いたはずなのに，いつの間にか曲線が出てきた！

本当だ！

おもしろい！

　この作業で大事なことは，定規の位置は変えず，紙をずらしていくということだ。

　線を1本引いたら紙をずらす，また1本引いたら紙をずらす。このようにすれば，速く，きちんと引くことができる。

　はさみで紙を切るとき，はさみの位置は変えず紙を動かしていくのが基本だが，それと似ている。

　すべての点を結ぶと，右の⑤のような形になる。

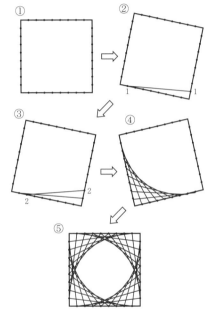

① ② ③ ④ ⑤

　定規を使って線を引くときは，上から下に向かって引くか，定規を横にして（右利きなら）左から右に向かって引くか，このどちらかがいいのです。そうすれば，きれいに引くことができます。

　この作業は，鉛筆ではなくシャープ・ペンシルが適している。柔らかい鉛筆では，すぐ丸まってしまう。その点，シャープ・ペンシルはいつでも同じ太さなので，もってこいである。

248

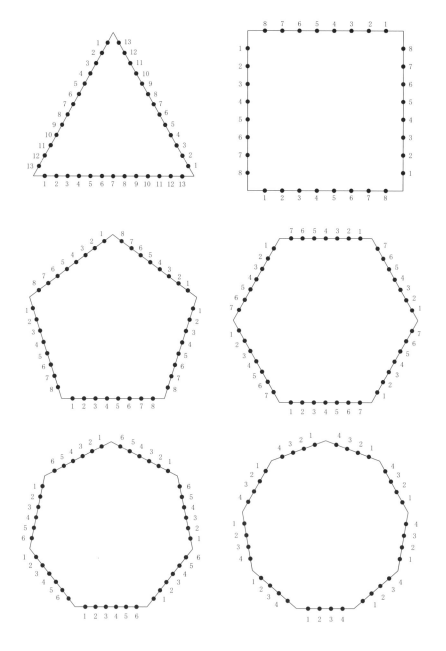

[片桐裕昭]

リバース　ひっくり返そう

●遊び方

まずは遊び方。表と裏の色が違う，直角二等辺三角形の厚紙を図のようにセロテープで繋いでいる。そこで，セロテープで繋いだ部分だけを折り曲げて，外側を内側に，内側を外側に，ひっくり返すパズル！　これは，M・ガードナーの本にも紹介されている。

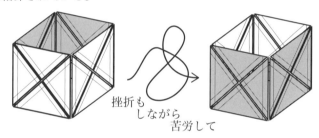

挫折も
しながら
苦労して

●作り方

（1）　表裏の色が異なる1辺7cmくらいの正方形4枚を準備。お菓子箱などの厚紙がお勧め。工作用紙程度でも大丈夫。

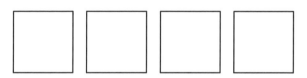

（2）　下図のように，16枚の直角二等辺三角形に切る。

250

（3）　セロテープで下のように貼る。裏も同じように貼る。

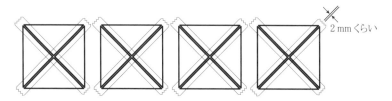

2 mm くらい

（4）　4つの部分を，セロテープで貼る。当然，裏も同様に貼る。

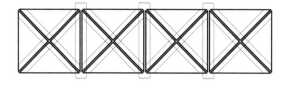

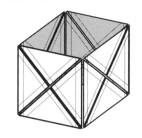

（5）　両はしを丁寧につないで出来上がり（右図）。

★さっそく，ひっくり返そう！

　　5分でできると "スゴイ！！"，2日でできると普通？

●ひっくり返し方指南

　　どうしてもできない人は，下記を参考にして頑張って。⑦は場所の参考に。

① 両手でもって，「引く」「押す」を参考に　　　　② 正方形に

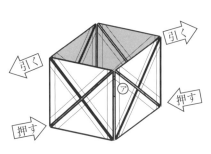

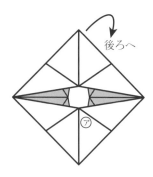

③ 三角に

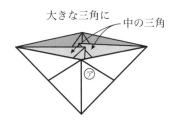

大きな三角に　中の三角

㋐

④ 中の2つの三角をアッチとコッチに

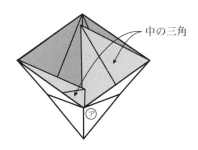

中の三角

㋐

⑤小さな四角

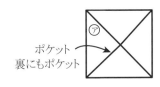

㋐

ポケット
裏にもポケット

⑥裏の色が出てきた

ポケットに
指を入れて

　これからあとは,「裏よ出てこい」と思いながら動かすと, うまくいく? 最後は自力でガンバレ!

●簡易リバース

　やりたいけど, 作るのに手間がかかるという人は, 牛乳パックでどうぞ。図のように, カッターなどで線のスジを入れ, 適時色を塗るとよい。

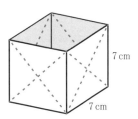

7 cm

7 cm

[何森真人]

時計盤で遊ぼう

　短い針だけ一本を描いた，図のような時計がある。針が指す位置をちょっと変えて2つ描き，表と裏になるように貼り合わせる（これを「**時計盤**」と呼ぼう）。図の例では，表側を12時，裏側を1時となるように作った。

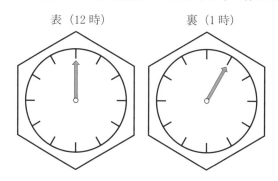

表（12時）　　　　　　裏（1時）

　まず「12時」を指しているように表側を見せて，相手にも「12時」だと確認させる。そして上下の向きはそのままで，時計盤をくるりと裏返して裏側を見ると，針が指しているのは「1時」。そこで今度は表側を「1時」に変えて，くるりと裏返して裏側を見ると？　「12時」を指しているはずだ。そこで問題。

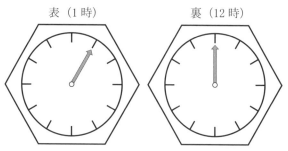

表（1時）　　　　　　裏（12時）

【問題1】　表の時刻を次の ① 〜 ⑪ の時刻に変えて，くるりと裏返して裏側を見ると，裏の針は何時を指しているだろうか？

①　2 時のとき　（　　）時　　　②　3 時のとき　（　　）時

③　4 時のとき　（　　）時　　　④　5 時のとき　（　　）時

⑤　6 時のとき　（　　）時　　　⑥　7 時のとき　（　　）時

⑦　8 時のとき　（　　）時　　　⑧　9 時のとき　（　　）時

⑨　10 時のとき　（　　）時　　　⑩　11 時のとき　（　　）時

⑪　12 時のとき　（　　）時　　　　　　　　（問題の解答は文末に）

何か決まりがありそうだ。表にまとめてみたらわかるだろうか？

【問題2】　表と裏の時刻の関係を表にまとめて，どのような決まりがあるのか，考えてみよう。

表の時刻 (時)	1	2	3	4	5	6	7	8	9	10	11	12
裏の時刻 (時)	12											

【問題3】　表は 12 時のまま，裏の時刻を 2 時に変えてみよう。そして今度は表の時刻を 1 時，2 時，……と変えていくと，それにつれて裏の針が指す時刻はどう変わるだろうか。表にまとめて，決まりを見つけよう。

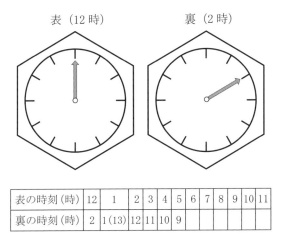

表（12 時）　　　　裏（2 時）

表の時刻 (時)	12	1	2	3	4	5	6	7	8	9	10	11
裏の時刻 (時)	2	1(13)	12	11	10	9						

　この問題は「2 つの変わる量について調べよう」の単元に出てくる問題の一つである。

2つの変わる量は,「一方が増えると他方も増える」,「一方が増えると他方は減る」の2通りになる。この場合は,後者の「一方が増えると他方は減る」の例である。

変わり方の決まりを見つけるには,表にまとめると見つけやすいことがある。表を見るときは横や縦,さらには斜めに見ていくと,決まった数を見つけることができる。問題1,問題2の決まった数は13で,問題3は14である。

【問題1】の答え

① 2時のとき （ 11 ）時　② 3時のとき （ 10 ）時
③ 4時のとき （ 9 ）時　④ 5時のとき （ 8 ）時
⑤ 6時のとき （ 7 ）時　⑥ 7時のとき （ 6 ）時
⑦ 8時のとき （ 5 ）時　⑧ 9時のとき （ 4 ）時
⑨ 10時のとき （ 3 ）時　⑩ 11時のとき （ 2 ）時
⑪ 12時のとき （ 1 ）時

【問題2】の答え

表の時刻(時)	1	2	3	4	5	6	7	8	9	10	11	12
裏の時刻(時)	12	11	10	9	8	7	6	5	4	3	2	1

決まり：・表が1時間増えると,裏は1時間（減る）。←横に見て
　　　　　・表と裏を足すと13になる。←縦に見て

【問題3】の答え

表の時刻(時)	12(0)	1	2	3	4	5	6	7	8	9	10	11
裏の時刻(時)	2	1(13)	12	11	10	9	8	7	6	5	4	3

決まり：・表が1時間増えると,裏は1時間（減る）。←横に見て
　　　　　・表と裏を足すと14になる。←縦に見て
　斜めに見ても決まった数が見つかる。問題2,問題3とも,斜めの数の差は同じ数である。たとえば,矢印の個所は $11 - 2 = 12 - 3 = 9$。

［高橋義久］

くるくる六角形

プレゼントにも最適

プレゼントのためにモノ作りをすることがある。でも，お金がかかるものはいやだ，むずかしすぎるのはいやだ――という，そんなあなたに最適で，簡単なオモチャ，**くるくる六角形**の作り方をご紹介しよう。これは「**ヘキサフレクサゴン**」という名前の多角形の一種である。

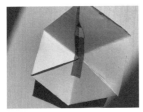 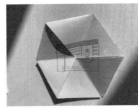 

くるくる六角形には，面の変わり方が3面，4面，5面，6面など，いろいろなバリエーションがある（写真は3面）。贈った人に喜んでもらえるオモチャだと思う。

● 3 面表示

まず，次のような帯を準備する。

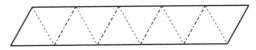

この作り方は下記の通り。

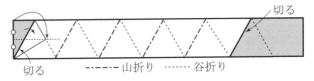

256

帯が準備できたら，アコーディオン折りをして，右のような正三角形にする。慣れてくると，山折り・谷折りが逆になっても大丈夫。

つぎに，折った正三角形を広げる。

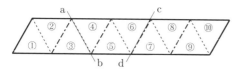

折り目に沿って ab を折り，次に cd を折る。最後に①の裏面と⑩の裏面とを，①を上にして糊付けすると，右のような形になる。

さぁ，これを下図の動かし方に倣って，クルリクルリと回してみよう。

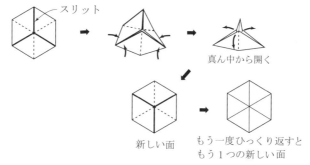

たとえば各面ごとに色を変えて塗ってみると，次のような3種類の面ができる。これを3面表示と呼ぼう。

色を塗った形を開いて元の帯に戻してみると，図のようになっている。

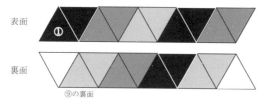

　色を塗る代わりに，各面に「タネ・芽・花」とか「たまご・ひよこ・めんど
り」などを描いて，クルリクルリとその変化を楽しむのも面白い。

　ところで，3面表示は正三角形が10枚だったが，13枚で**4面表示**，16枚で
5面表示，19枚で**6面表示**を楽しむことができる。ここでは4面表示と5面表
示の折り方だけを描いておく。

● 4面表示（正三角形13枚）

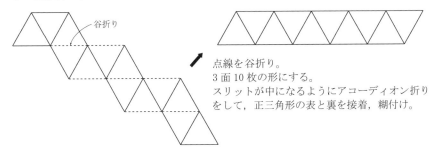

谷折り

点線を谷折り。
3面10枚の形にする。
スリットが中になるようにアコーディオン折り
をして，正三角形の表と裏を接着，糊付け。

● 5面表示（正三角形16枚）

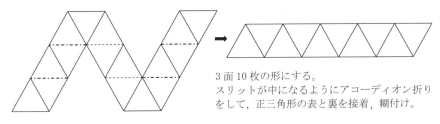

3面10枚の形にする。
スリットが中になるようにアコーディオン折り
をして，正三角形の表と裏を接着，糊付け。

　「ヘキサフレクサゴン」はかなり人気があるようで，ネット検索すると，色
彩や模様など見事な作品がたくさん見つかる。また『ガードナーの数学パズ
ル・ゲーム』（日本評論社）の第1章「ヘキサフレクサゴン」には，興味深い数
学的な解説もある。（前ページのクルリクルリと回転させる図などは，この本を参考にし
て描いた。）

[木村陽一郎]

ソーマキューブ
27個のサイコロで

　このパズルは，デンマークの物理学者であり詩人のピート・ハインが1986年に発表したものである。

　図1に示す7種類の積み木から3×3×3の立方体をつくるパズルである。

　7種類の積み木は，「4個以下の立方体を接続した形のうちで，凹面をもつもののすべて」という基準で選ばれている。「ソーマキューブ」と名付けた由来は諸説ある。

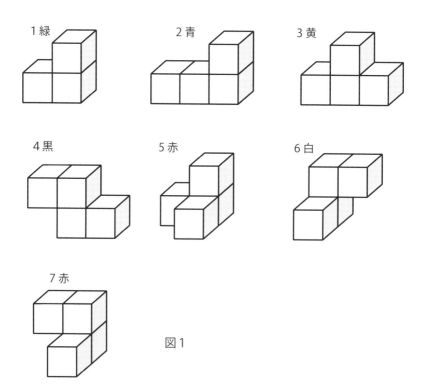

1 緑　　　　2 青　　　　3 黄

4 黒　　　　5 赤　　　　6 白

7 赤

図1

　ひとつの解を見つけると，それと鏡対称な解がある。そして解は240組あることが分かっている。

　組み木パズルとしてはやさしいものであるため，とっつきやすく，また立方体以外にもいろんな形を作ることができることから，パズル愛好家の間ではよく知られたパズルである。

　このパズルを子どもの知育遊びとして取り上げたのがニキーチンであった。彼の本が翻訳され『ニキーチンの知育遊び』として暮しの手帖社から出版された（1989年）ことから，パズル愛好家以外の人たちにも広く知られるようになった。

　ニキーチンは積み木を区別するために色をつけた。また，立方体だけでなく，いろんな立体をつくることをすすめている。

　このパズルには，いろんな数理が潜んでいる。

　たとえば，3×3×3の立方体をつくる問題を考えるとき，完成された立方体には8個の角がある。一方，それぞれの積み木を3×3×3の立方体のなかに配置したときを考えると，2つの角を占めることができる積み木は2と3の積み木だけで，他の5個の積み木は最大でも1つの角しか占めることができない。ここで，3の積み木に注目する。この積み木は，1つの角だけを占める配置がなく，2つの角を占めるか，角を占めないかのどちらかしかない。もし，3が角を占めないとすると，他の6個の積み木が占める角の合計は7以下となり，立方体は完成できない。したがって，3の積み木は図2のように2個の角を占める位置に来ることが分かる。

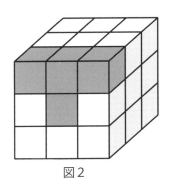

図2

　立方体以外に作ることができる立体は多数ある。4つの例を図3に紹介した。角欠けタワーは，7段に積んだ図を示しているが，2段から6段までの角欠けタワーを作ることもできる。また犬らしきものもできる。

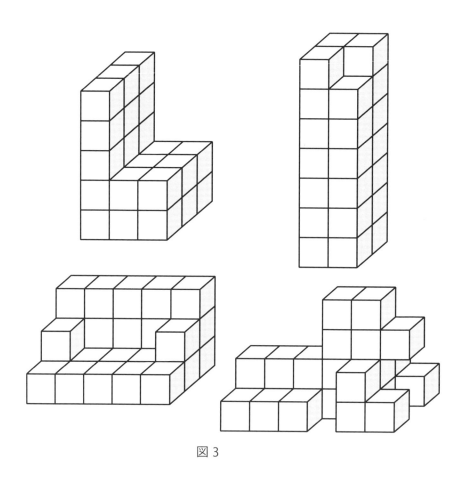

図 3

［木村良夫］

9-6 大きな絵を描こう！

運動場にナスカ平原の地上絵を

1．てっとりばやく，絵を大きくするには

「輪ゴム拡大器」がとても手軽で簡単だ。必要なのは，

・輪ゴム：14 サイズのもの 2 本（倍率で変わる）

・画鋲：1 個（しっかり固定できるもの）

これだけ。輪ゴムは 2 本つないで（倍率2 倍の絵），結び目（矢印の部分）を元絵の線の上をなぞるように動かしていく。

あまり複雑な細かい絵には向かない。手軽さが取り得だ。正確さも今一つだが，大きくなっていく絵が，完成への楽しさを保証する。

ゴムを 3 本つなぐと「3 倍の拡大図（絵）」が描けるが，そのゴムを反対にし

て作業すれば $\frac{3}{2}$ 倍の図（絵）が描ける。

ただ，サイズが 16 や 18 の輪ゴムだと，大きな紙が必要になってしまう。そうでなければ，紙の外に画鋲を打たなくてはならない。また，近い位置に絵を描こうとすると，ゴムが伸びきらないので描くことができない。やってみれば

すぐわかる。工夫してやってみてほしい。

2．身の回りにある拡大・縮小

　図形の平行移動・対称移動は，大きさも形も変わらない合同変換である。一方，図形の拡大・縮小は，形は変わらないが大きさは変わる相似変換といわれるものである。対称移動などを学んだ上で縮小・拡大を習うことになるが，すでに黒板の文字をノートに写したり，社会科の地図帳などを見ることで，その原理を学んでいる。

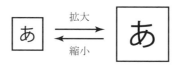

3．拡大と縮小の面積

　拡大・縮小では，実物との「長さ」は比例する。倍率が2倍だと長さも2倍に，倍率が $\frac{1}{2}$ だと長さも $\frac{1}{2}$ になる。しかし，面積も同じように2倍や $\frac{1}{2}$ になると勘違いしやすい。面積は長さの2乗に比例することに注意しよう。つまり，倍率が2倍だと面積は4倍に，倍率が $\frac{1}{2}$ だと面積は $\frac{1}{4}$ になるわけである。

　このことは正方形が理解しやすいが，三角形などでも描いてみるとよい。

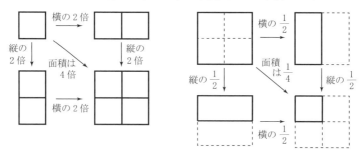

4．方眼紙の折れ線グラフ

　方眼紙に折れ線グラフを描かせる。

　（ア）　横の目盛りはそのままで縦の目盛りが2倍のグラフ。

　（イ）　縦の目盛りはそのままで横の目盛りが2倍のグラフ。

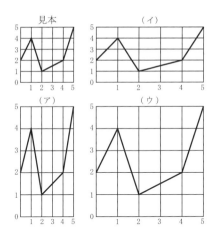

（ウ）　横の目盛りと縦の目盛りの両方が2倍になっているグラフ。

この3つの折れ線グラフを描いてみると，（ウ）の折れ線が見本と同じ形になっていることに気づく。

縦の目盛りが2倍，横の目盛りが2倍のとき，倍率2倍の拡大図という。逆に縦の目盛りが $\frac{1}{2}$，横の目盛りが $\frac{1}{2}$ のとき，倍率 $\frac{1}{2}$ の縮小図（縮図）という。

5．運動場にナスカ平原の地上絵（ハチドリ）を描こう

① 方眼マスで描かれた右のような図が簡単にダウンロードできる。

② 10 cm 方眼の模造紙に同じように右の絵を写す。倍率10倍の拡大図を描くことになる。

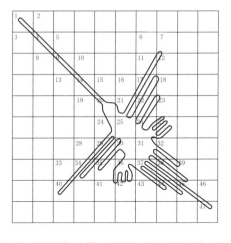

③ 100 倍の拡大図を描くにはどうすればよいかと考える。1 m の方眼を運動場に描けばよいことに気づく。しかし，それでは運動場いっぱいに描けないので，倍率300倍の拡大図で描くことにする。その上にナスカ平原の地上絵を描いていく。運動場のどこに何を描くのかが分からなくなるので，マス目に番号を書いておくと分かりやすい。マス目が仕上がったら，番号に合わせて絵を描いていく。

④ 下絵が出来上がったら，ラインマーカー（消石灰）でその線をなぞると，運動場にきれいなナスカ平原の地上絵が浮かび上がる。

⑤ 出来上がった絵を屋上から見ると，最高の気分になる。

［末定整基］

9-7　エンドレスストーリー・オブ・メビウス

輪っかで遊ぶと，わぁーふしぎ！

【ステップ1】　普通の輪で遊ぼう！

真ん中で切ると……，2つの輪ができる！

「2つの輪を垂直に貼り合わせて切ったら，どんな形ができるかな？」

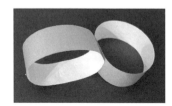

真ん中で切ると……，正方形ができる！

「2つの大きさの違う輪を垂直に貼り合わせて，切ったら，どんな形になるかな？」

真ん中で切ると……，長方形ができる！

「2つの輪を，垂直でなく，斜めに貼り合わせて切ったら，どんな形かな？」

真ん中で切ると……，菱形（ひし）ができた！

「2つの大きさの違う輪を斜めに貼り合わせて，切ったら，どんな形ができるかな？」

真ん中で切ると……，平行四辺形ができる！

【ステップ2】　メビウスの輪で遊ぼう！

> メビウスの輪とは，細長いテープをそのまま貼り合わせるのではなく，1回クルっと180°ひねって両端を貼り合わせた図形。表と裏の区別ができない無限大 ∞ の記号の形になる。

＊ 180°が分かりにくい場合は折り紙を使うとよい。

真ん中で切ると……，大きいメビウスの輪ができる。

$\frac{1}{3}$ で切ると……，小さなメビウスの輪と大きなメビウスの輪が！

【ステップ3】 メビウスの輪を使って，相性占いをしよう！

「2つのメビウスの輪を垂直に貼り合わせて，切ったら，どうなるかな？」

真ん中で切ると……，

ハートがつながったら，相性よし！　ハートがバラバラだったら，残念。あなたたちの運命は……？

これはメビウスの輪を1回右に 180° ひねったか，左に 180° ひねったかの違い。もし同じ向きでひねっていたら，ハートはバラバラに。違う向きにひねっていたら，ハートはつながる。

輪の作り方，大きさ，つなぎ方，切り方によって，いろんな形ができる。どんな形を作ることができるかな？

＊輪を貼り合わせるときは，セロテープより糊のほうがよい。

［藤條亜紀子］

万年カレンダー

　美和（小学校 5 年生）と浩二（高校 2 年生）の兄妹の会話から。

美和「お兄ちゃん，夏休みの宿題でカレンダーを作ろうと思うの。1 ヶ月に 1 枚ずつ使っていて，もったいないでしょ。よく見ると，1 日が日曜日の分だけあれば，曜日のほうをずらせば，1 枚でできるよね」

日	月	火	水	木	金	土	日	月	火	水	木	金
1	2	3	4	5	6	7						
8	9	10	11	12	13	14						
15	16	17	18	19	20	21						
22	23	24	25	26	27	28						
29	30	31										

ここに，祝日や記念日などを記入しよう

浩二「よく気づいたね」

美和「これを円筒形の物に貼り付けて，曜日の部分を回転できるようにして完成なの」

浩二「スゴイね。もう 1 つ別の方法もあるよ。曜日を動かす代わりに，日にちのほうを動かすようにする」

美和「えっ，どういうこと？」

浩二「美和の作った分の左側に，右図のように付け加えて，それを動かせばいいんだよ。日にちの部分を曜日に合わせることになる。ところで，1/1 と 2/1 は曜日が何日ずれるか分かる？」

日	月	火	水	木	金	土						
					1	2	3	4	5	6	7	
2	3	4	5	6	7	8	9	10	11	12	13	14
9	10	11	12	13	14	15	16	17	18	19	20	21
16	17	18	19	20	21	22	23	24	25	26	27	28
23	24	25	26	27	28	29	30	31				
30	31											

美和「1 月は 31 日まであるから，31 ÷ 7 で，4 余り 3。だから 3 日ずれる」

浩二「そうだね。じゃ，2/1 と 3/1 はどうなる？」

美和「2 月は 28 日までなので，7 で割り切れるから，曜日は同じよ」

浩二「閏年って知っているよね。2020 年は 2 月が 29 日まであったよ」

美和「あっ，閏年なら１つずれるのね」

浩二「そう。だから，１年の間で１ヶ月ごとにずれるのは $3 \to 0\,(1) \to 3 \to 2 \to 3 \to 2 \to 3 \to 3 \to 2 \to 3 \to 2$ となるので，曜日の部分に何月かを書いておくと１年分になる」

美和「何月かも分かるのね。2021 年は 1/1 が金曜日だから，金曜日のところに１月と書いていけばいい」

浩二「そうだね。１日のところを何月かが書いてある曜日を合わせればいいんだ」

美和「数年分のものを作ってみよう」

	日	月	火	水	木	金	土
2024 年	9,12	1,4,7	10	5	2,8	3,11	6
2023 年	1,10	5	8	2,3,11	6	9,12	4,7
2022 年	5	8	2,3,11	6	9,12	4,7	1,10
2021 年	8	2,3,11	6	9,12	4,7	1,10	5

浩二「４年分を作ったんだね。この方法だと，何十年分も作るのは大変だね。ところで，閏年ができるのはなぜか知ってる？」

美和「４年に１度あることは知ってるけど……」

浩二「そう，１年が365.25 日なら４年に１度でいいんだけど，じつは１年は 365.2422 日 (注1) で，365.25 に少し足りない。４年経つと 0.9688 日分多くなるので，だから閏年にする。では，100 年経つとどうなる？」

美和「24.22 日だから，１日分くらい少なくなる。それで 100 年ごとに閏年でなくなる。400 年では 96.88 日だから，400 年目は閏年にするのね」

浩二「そうだね。西暦年を４で割り切れる年を閏年とし，100 で割り切れるが 400 で割り切れない年は平年にすればいい」

美和「それを知ってどうするの？」

浩二「2021 年の元旦は金曜日でした。では，2022 年の元旦は何曜日？」

美和「2021 年は閏年ではないから，365 ÷ 7 で，52 余り１だから，土曜日」

浩二「そう。閏年でなければ１日，閏年なら２日ずれることになる」

美和「年を合わせる部分を作るのね」

浩二「実際には，閏年の１～２月までと３～12 月と分ければいい。2021 年の 1/1 は金曜日だから，その上に 2021 年，その右側に 2022 年，次に 2023 年，次に 2024 年１～２月，次に 2024 年３～12 月，……と年号の部分を作る。そして，西暦年のところに月の部分の１月を合わせ，日にちの部分の１日を表したい月に合わせれば，そのカレンダーになる。こうすれば何十年分も作れるね。

こういうのを万年カレンダー（注2）というんだ」

美和「作ってみたわ。2021 年の 12 月に合わせたわ」

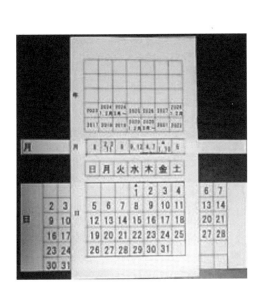

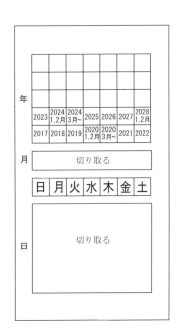

月				8	2,3, 11	6	9,12	4,7	▲ 1,10	5		

							1	2	3	4	5	6	7
	2	3	4	5	6	7	8	9	10	11	12	13	14
	9	10	11	12	13	14	15	16	17	18	19	20	21
日	16	17	18	19	20	21	22	23	24	25	26	27	28
	23	24	25	26	27	28	29	30	31				
	30	31											

　注1)　365.24219878125 日で，365 日 5 時間 48 分 45.9747 秒。

　注2)　ネットで「万年カレンダー」と検索すると，こういったもの以外に，サイコロみたいな立方体の木片に数字が書いてあり，月と日を合わせて並べるカレンダーや，時計の中にあるカレンダーも出てくる。また，Excel で作成する方法の紹介もある。万年カレンダーは一通りではない。

[草彅浩二]

異次元体験器 3Dサイコロ

この簡単な工作が，あなたを異次元空間へ導く。さあ，はじめよう！

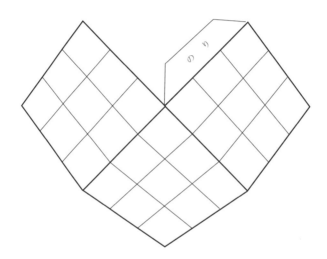

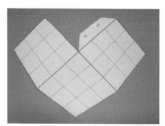

①写真のように周りを
切り抜く。

②太い線を谷折りに
する。

③「のり」の部分を裏側
に貼れば完成。

③の写真がサイコロ（立方体）に見えれば，入り口についた。片眼をつむっ
て，中心をじっと見てみよう。サイコロになった？

（1）片目をつむって，中心をじっと見つめる。早い人は３秒，遅い人でも

27秒，じっと見つめると，サイコロ（立方体）のように飛び出す。

(2) 片目をつむったまま，頭を前後左右にゆっくり動かす。

(3) サイコロが動き出す。「なんじゃこれ！」「きもちわるい！」「すごい！すごい！」と叫びたくなる（僕も聞いた）。

手の上にのせても，同じようになる。頭を動かさないで，手首を前後左右にゆっくり動かしても，異次元空間を体験できる。

次は，もう1枚コピーして，山折りに作る。

①写真のように周りを切り抜く。

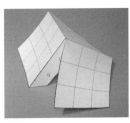

②太い線を山折りにする。

③「のり」の部分を裏側に貼れば完成。

片目で中心部をじっと見て，へこんで見えれば，同じように，頭をゆっくり動かしたり，手の上で動かしてみてほしい。

一度体験すると，この型紙がなくても，市販の折り紙（正方形）で体験できる。

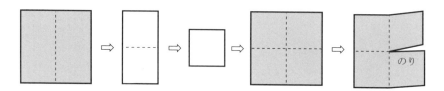

色の面を谷折り，もう一度谷折りをして，開いて，山折りになった線を切る。「のり」と書いた部分を重ねて貼れば，出来上がり（初めの形に似ている）。

手の上にのせるときは，少し小さめの折り紙がよい。また，模様のついた折り紙だと，絵が動くので，より面白いと思う。

鶴の乱舞

咲き誇る花たち

すこしずらして貼っても見えてしまう。

本を見ているだけでは，うまく異次元空間は見えない。簡単な工作だから，ぜひ作って楽しんでみてはいかが？

なお，0.5％くらいの人（僕が知っているのは1人）は飛び出さないといった。

[加藤久和]

10

考えるって楽しい！

10-1 うさぎ学校の帽子

論理の楽しさへの誘い

　カメ先生が，赤い帽子を３つ，白い帽子を２つ持って待っている。

　ひいくん，ふうさん，みいくん，３匹のうさぎの生徒がやってきた。

　カメ先生はこういった。

カメ先生　「これから，みんなに目をつぶって帽子をかぶってもらいます」

カメ先生　「みなさんは友達の帽子の色はわかりますが，自分の帽子の色はわかりませんね」

　そういって，まずひいくんにたずねた。

カメ先生　「ひいくんの帽子の色は何色ですか？」

> 　赤い帽子は３つ，白い帽子は２つ。だから，みんながかぶっている帽子は，少なくとも１つは赤だ。
>
> 　そこで，たとえばふうさんの帽子は赤，みいくんの帽子は白だとすると，自分の帽子は赤と白のどちらなのか，わからない。

ひいくん　「わかりません」

　と，ひいくんは答えた。

　つぎに, カメ先生はふうさんにたずねた。

カメ先生　「ふうさん, あなたの帽子の色は何色ですか？」

> 　みいくんは白い帽子。ひいくんは自分のかぶっている帽子の色が「わからない」と答えた。
>
> 　もし, わたし (ふうさん) の帽子が白だったら, 1つの帽子は少なくとも赤だから, 「わかります」と答えたはずだ。でも, ひいくんは「わからない」と答えたのだから, わたしの帽子は白ではない。ということは赤。

ふうさん　「わかりました。わたしの帽子の色は赤です」

　と, ふうさんは答えることができた。

 次の日

　カメ先生は, 赤い帽子3つ, 白い帽子2つを, 昨日とはちがうかぶせ方で3人にかぶせた。

　カメ先生にいわれた通り, 3人は目をつぶって帽子をかぶった。目をあけると, カメ先生がまずひいくんにたずねた。

カメ先生　「ひいくんの帽子の色は何色ですか？」

ひいくん　「わかりません」

　次に, ふうさんに質問した。

カメ先生　「ふうさんの帽子の色は何色ですか？」

　ふうさんはよく考えて答えた。

ふうさん　「わかりません」

何色かな？

　カメ先生は，その次にみいくんに質問した。

カメ先生　「みいくんの帽子の色は何色ですか？」

　みいくんは，よくよく考えてから，

みいくん　「わかりました」

　と答えた。

> **【問題】**　さて，みいくんは，何と答えただろうか？
> 　　　　そのわけも説明してください。

（解答は 287 ページ）

　この問題の出典は，野崎昭弘文・安野光雅絵『赤いぼうし』（童話屋）である。

　「もし，……だったら」という考え方は，算数・数学ではとても大切だ。しかし，残念なことに，学校の算数・数学の学習でこうした論理そのものを扱う場面はほとんどない。

　ここで取り上げたカメ先生の問題を考えていると，算数・数学の新しい，楽しい面が発見できるはず。

［市川　良］

10-2 鶴亀算
江戸時代にもあった連立方程式の問題

　明治維新による文明開化で西洋の算数・数学が取り入れられ，それらが「洋算」と呼ばれるようになると，江戸時代まで日本独自に発達してきた算数・数学は「和算」と称せられようになった。

　和算は中国の数学，あるいは宣教師らが伝えた西洋数学の影響を受けて発展し，日本独自の数学とはいえ，その水準は高かった。のちに算聖と呼ばれた関孝和（1642？〜1708）は，西洋数学に先立って「行列式」を見出し，その弟子である建部賢弘（1664？〜1739）は，師の発見した級数展開による計算法で円周率を求めて，42 桁目まで正しく計算するなど，世界的に見て当時の最先端となる分野もあった。

　ここで取り上げる「鶴亀算」だが，例として 1815 年に坂部広胖が著した『算法点竄指南録』（全 15 巻）に載っている問題を見てみよう。

　「ここに鶴亀合わせて百頭あり。
　ただ云う，足数和して二百七十二。
　鶴亀各何ほどと問う」

すなわち，「鶴と亀が合わせて 100 匹いて，足の数が合わせて 272 本だったときのそれぞれの数を求めよ」ということなのだが，今日の解法でいえば，
　「鶴を x 羽，亀を y 匹と置いて，$x+y = 100$，$2x+4y = 272$ の二元連立方程式を解く」
という問題になろう。さて，答えは……？

　坂部の本には，先の問題に続いて「答えて曰く」として「鶴六十四　亀三十六」とあり，解法として，

「亀の足から鶴の足を引き2とし，亀の足を100にかけて400として，そこから272を引いた数128を2で割れば，鶴の数64が出る」

とある。すなわち，

「100匹すべてを亀と見ると，足の数は400本。272本との差128本は，鶴を4本足と見立てたために出た差であるから，それを2本に読み替え2で割れば，鶴の数が出る」

という考え方である。

大変ややこしいが，これが方程式を使わないで解く当時の解法であった。

この「鶴亀算」の起源は古く，中国4世紀の晋時代に成立した算書『孫子算経』に登場している。ただし「鶴と亀」ではなく「雉と兎」だった。

問題は「今，雉と兎，同じ籠にあり。上に三十五頭あり，下に九十四足あり。雉と兎，それぞれ幾何なるかを問う」であり，今日でいえば「$x+y=35$，$2x+4y=94$ の連立方程式」の問題である。

その後，同じく中国・明時代の算書『算法統宗』（1593）では「雉と兎」が「鶏と兎」に替わった。

江戸時代の日本では，今村知商が著した『因帰算歌』（1640）で「雉と兎」問題として登場する。その後，日本の算術書では「雉兎」「鶏兎」両方の問題が見られるが，初めて「鶴と亀」という，長寿をことほぐおめでたい問題となったのが，先に引用した坂部の『算法点竄指南録』であった。

さて，「鶴と亀」の2種類の生き物が3種類になったらどうなるか。「三元連立方程式」の問題であるが，それが「鶴亀」問題に先立つ1784年に村井中漸が書いた『算法童子問』に載っている。

「鶏，狗，章魚の事。

厨下を窺えば，庭に鶏あり，狗あり，また，まな板に章魚あり。庖人が曰く，三種合わせて二十四個，足数合わせて百二足なり。鶏，狗，章魚おのおのの幾何と問う。ただし，鶏二足，狗四足，章魚八足」

　村井はこの問題に対して，以下の５通りの答えを出している。

　　「答曰，狗３疋，鶏13羽，章魚８枚

　　　　　狗12疋，鶏７羽，章魚５枚

　　　　　狗15疋，鶏５羽，章魚４枚

　　　　　狗18疋，鶏３羽，章魚３枚

　　　　　狗21疋，鶏１羽，章魚２枚」（数え方は『算法童子問』による）

すなわち，この問題は未知数３の「三元連立方程式」なのだが，鶏，狗，章魚
を x, y, z とすれば

$$x+y+z = 24$$

$$2x+4y+8z = 102$$

の２つの方程式しか成り立たない。したがって解は「不定」となり，幾通りか
の整数解が求まることになるのである。

　和算という学問は，かくのごとく「知的な遊戯」という面が大きかった。『算
法童子問』などという算術書のタイトルにもそれが表れているようである。

　のちに「鶴亀算」は入試問題に取り入れられ，受験生を苦しめる問題筆頭の
ようにもいわれたが，もとは「楽しみながら解く」問題なのであった。算数・
数学のそのような面をあらためて思いだしてみたいものである。

　ところで，先の「鶏，狗，章魚」問題で，村井の解には抜けているものがあ
るのだが，お分かりになるだろうか？

　　　　　　　　　　　　　　　　　　　　　　　　　　　　　　　[加川博道]

10-3 うそつきパラドックス
自己言及の逆説

『新約聖書』「テトスへの手紙」第1章12節に,

> 彼ら（クレタ人）のうちの一人, 預言者自身が次のように言いました。
> 「クレタ人は, いつもうそつき, 悪い獣, 怠惰な大食漢だ。」

という一節がある（新共同訳, （　）と下線は筆者）。
　要は, 自身もクレタ人である預言者（紀元前6世紀頃の哲学者であるエピメニデスという説が有力）が「クレタ人は嘘つき」と言っているわけだが, この言明は正しいであろうか。

　まず, この言明が正しいとしてみよう。すると「クレタ人は嘘つき」なので, この預言者（クレタ人）も嘘を言っていることになる。このことから「クレタ人は嘘つきではない」ということになるので, 言明は正しいことにはならない。
　次に, この言明が正しくないとしよう。すると「クレタ人が嘘つき」は正しくないので, 預言者（クレタ人）は嘘つきではない。すなわち正しいことを言っていることになる。
　結局, 預言者が正しいことを言ったとすると嘘つきになり, 正しくないことを言ったとすると嘘をついていないことになる。結局, どちらの場合も最初の文に矛盾してしまう。このような文を「パラドックス＝逆説」という。
　いま書いたことを図で表してみよう。ただし元の文は少し冗長なので,「私は嘘をついている」という文について考えてみる。

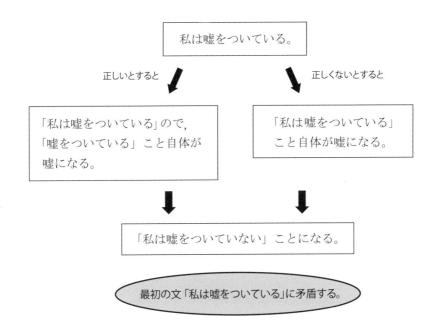

言い換えれば，最初の文「私は嘘をついている」は，正しいとも正しくないとも言えない文である。それを無理に正しいか否かを判定しようとしたため，矛盾が起きてしまったのである。

この例のように，自分自身のことを説明している文を「自己言及文」と言う。

それでは，続いて別の自己言及文，

　　　「私は正しいことを言っている」

という文について考えてみよう。同じ自己言及文と言っても，最初の例とは様相が異なる。どこが違うかわかるだろうか。

今度は，正しいとすると，正しい人が自分のことを正しいと言っているので何の問題もない。

一方，正しくないとすると，言明者は正しくないことを言っているわけだから，嘘をついていることになる。しかし，嘘つきが自分のことを「正しい」というのは嘘なので，これも矛盾していない。

結局，どちらの場合も矛盾はしていないが，一方で，この言明自体が正しい

か正しくないかの判定もできないことになる。

やはり図に表して考えてみよう。

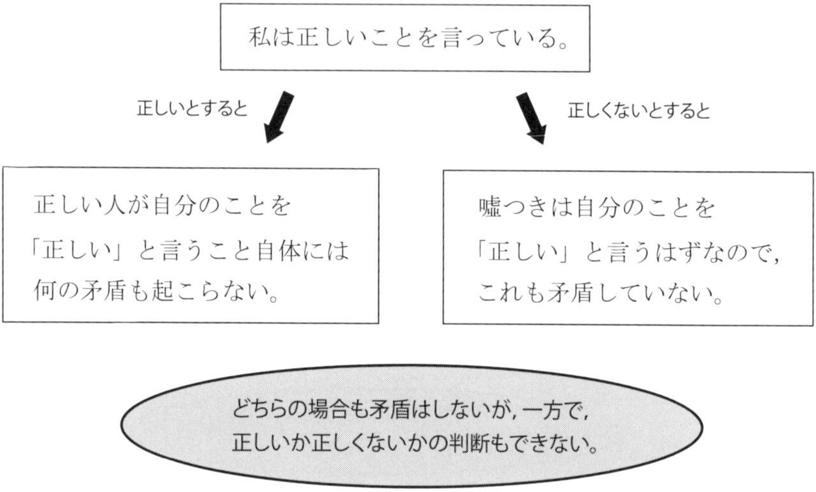

私は正しいことを言っている。

正しいとすると → 正しくないとすると ↘

| 正しい人が自分のことを「正しい」と言うこと自体には何の矛盾も起こらない。 | 嘘つきは自分のことを「正しい」と言うはずなので、これも矛盾していない。 |

どちらの場合も矛盾はしないが,一方で,
正しいか正しくないかの判断もできない。

　このように，自己言及文についてその真偽を考えると，矛盾が起きたり，真偽が判断できないことがある。

［追記1］
　自己言及文の真偽が判断できないことは，『聖書』にも記述されていた！

> 　もし，わたしが自分自身について証しをするなら，その証しは真実ではない。

(『新約聖書』「ヨハネによる福音書」第5章31節，新共同訳)

［追記2］
　本論やパラドックスとは直接の関連はないが，嘘つきのクレタ人についての覆面算を作ったので，右にそれを紹介しておこう。

```
    クレタ人ハ
 +) クレタ人ハ
 ──────────
  イツモ嘘ツク
```

［中原克芳］

問題の解答

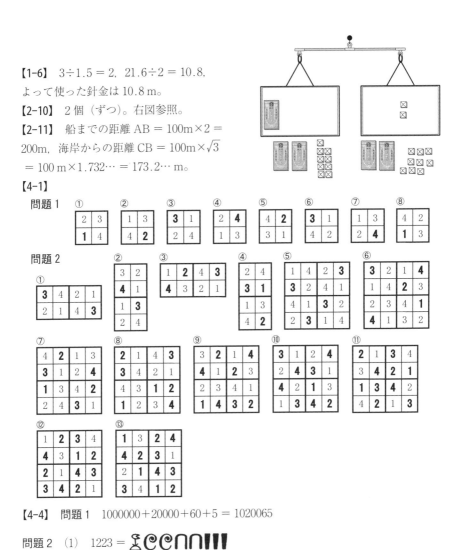

【1-6】 $3 \div 1.5 = 2$, $21.6 \div 2 = 10.8$, よって使った針金は 10.8 m。

【2-10】 2個（ずつ）。右図参照。

【2-11】 船までの距離 AB $= 100\text{m} \times 2 = 200$m, 海岸からの距離 CB $= 100\text{m} \times \sqrt{3} = 100$ m $\times 1.732\cdots = 173.2\cdots$ m。

【4-1】

問題1

問題2

【4-4】 問題1 $1000000 + 20000 + 60 + 5 = 1020065$

問題2 （1） $1223 = $

（2） $702 = $

問題3 (1) 815 ＝ DCCCXV (2) 1217＝MCCXVII

【4-6】 問題1 思い浮かべた数字が書いてあるカードの左上の数を足す。

問題2 2倍になっていくので，次は16gを使えばよい。

【5-1】

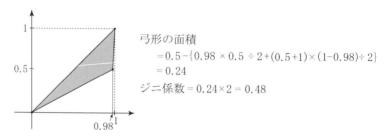

弓形の面積
$$= 0.5 - \{0.98 \times 0.5 \div 2 + (0.5 + 1) \times (1 - 0.98) \div 2\}$$
$$= 0.24$$
ジニ係数 $= 0.24 \times 2 = 0.48$

【5-6】 今週パーの手がでたので，来週テレビでグーの手がでる確率は0.35，チョキの手がでる確率は0.45，パーの手がでる確率は0.20。対するあなたが（視聴者が）それに勝つにはそれぞれ，パーの手，グーの手，チョキの手をださなくてはいけない。したがって勝率を上げるには確率の高いグーをだすのがよい。

【5-7】 問1 479001600秒 ＝ 7983360分 ＝ 133056時間 ＝ 5544日 ＝ 15.19年。これでは無理だー！

問2 2人目で並べるのをやめればいいから，4×3 ＝ 12（通り）。

【6-2】 問1 ①，④，⑩

問2

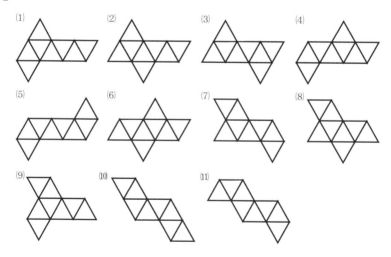

【6-3】　R は Q と重なる。O と R を頂点と
する直方体は右図内の小さいほう。

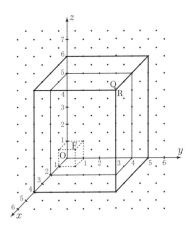

【6-4】　問題 1

図形の名前	粘土の数	竹ひごの数	面の数
四角錐	5	8	5
三角柱	6	9	5
正八面体	6	12	8

問題 2　正二十面体の面の数は 20。竹ひごは 30 本必要だから，粘土は
(粘土の数)−30＋20 = 2 より，12 個。答え：粘土 12 個，竹ひご 30 本。

問題 3　・正二十面体は正三角形が 1 つの頂点に 5 つ集まっ
ている。

・正三角形の頂点の数は 3 つ。20 面あるから頂点の合計は
3×20 = 60，延べ 60 個ある。

・正三角形の頂点が 5 つ集まって 1 つの頂点を作っているの
で，正二十面体の頂点の数は 60÷5 = 12。答え：12 個。

【7-3】　問題 1　3×9÷2 = 13.5，13.5 cm² 　　問題 2　2×9 = 18，18 cm²

【7-10】　問題 2　(1)　$\dfrac{1}{2}\times\dfrac{2}{\sqrt{3}}\times 3 = \sqrt{3} = 1.732\cdots\cdots$

(2)　$\left(1-\dfrac{1}{2}\times\dfrac{1}{\sqrt{3}}\times 2\right)+\dfrac{1}{\sqrt{3}}\times 4 = 1+\sqrt{3} = 2.732\cdots\cdots$

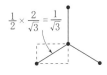

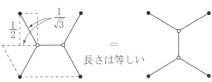

【7-13】 $y = 5$, $n = 10$ のとき……50。$y = 6$, $n = 8$ のとき……50。$y = 6$, $n = 9$ のとき……55。$y = 6$, $n = 10$ のとき……61。

【8-1】 問題2 $a = \dfrac{1}{3}$ だから，214ページの図のOAを$\dfrac{1}{3}$倍に縮小したものがOBとなる。（逆にOA $= 3 \times$ OB）

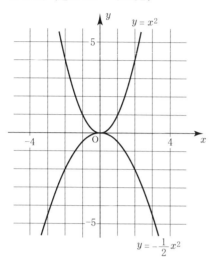

問題3 $y = -\dfrac{1}{2}x^2$ 上の任意の点をC，CO と $y = x^2$ の交点をDとすると，$a = -\dfrac{1}{2}$ だから，CO を $-\dfrac{1}{2}$ 倍に縮小したものがODとなる。$-\dfrac{1}{2}$ 倍とは，相似の中心Oに関して対称に $\left|-\dfrac{1}{2}\right|$ 倍 $= \dfrac{1}{2}$ 倍に縮小したものである。（逆に OC $= -2 \times$ OD）

【8-3】

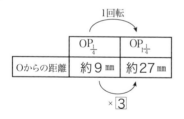

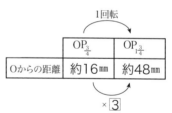

【8-4】 問1 $\theta = 150°$ のとき，ゴンドラの高さは $y = \sin 150° = \sin 30° = 0.5$。横の位置は $x = \cos 150° = -\cos 30° = -0.866$（中心より左なので負の値）。$\theta = 270°$ のとき，ゴンドラの高さは $y = \sin 270° = -\sin 90° = -1$（中心より下なので負の値）。横の位置は $x = \cos 270° = \cos 90° = 0$。

問2 $\cos 0° = 1$，$\cos 90° = 0$，$\cos 180° = -1$ ということを考えると，$90°$ から始めるように並べるとコサインの動きになる。

問3　たとえば，螺旋階段を横から見た形。洋服の腕の付け根のラインなど。探して
みよう！

【8-8】　電圧（V）＝抵抗（R）× 電流（I）だから，抵抗（R）＝電圧（V）÷ 電流（I）
で求められる。電圧が 3 V，電流が 2 A だから 3÷2 ＝ 1.5 で，抵抗は 1.5 オームで
ある。

【8-10】　問1　大きい猫が 1 匹いるので 466 匹。　問2　図を見て考えて！

問3　①　$\dfrac{1000 \times 1001}{2} = 500500$　　②　$\dfrac{100 \times 301}{2} = 15050$

問4　5 階段の高さ 3 を 20 個足せば 65 だから，65 は 21 番目。よって

$$\dfrac{21 \times (65 + 5)}{2} = 735$$

【10-1】　ひいくんが「分からない」ということは，ふうさん，みいくんのいずれかが
赤。"2 人とも白" ということはない。それを聞いたふうさんが「分からない」とい
うことは，みいくんは白ではない。白ならば，ふうさんは "自分は赤" と答えられる
はず。そこで，みいくんは「自分は赤です」と答えることができる。

●編者紹介

数学教育協議会［数教協，AMI］

1951（昭和26）年，民間の数学教育研究団体として誕生。設立趣意書の起草者は小倉金之助，奥野多見男，香取良範，黒田孝郎，遠山啓，中谷太郎，山崎三郎。それから70年余。数学教育に関心をもつ教師・父母・研究者・学生らが集まり，"すべての子どもたちに質の高い数学"をめざして自主的な研究・実践活動を続けてきました。その間に水道方式，量の理論などの成果を生み，「楽しい授業」の理念と数々の授業を提起。
数学教育の月刊誌『数学教室』（あけび書房発行）の編集，全国研究大会の開催，各地区の研究会，地域でのサークル活動など，現在も多様に活動中。教室の子どもたちの歓声と仲間の笑顔が元気の素です。
AMI（フランス語で「仲間，恋人」）は数教協の英語名 The Association of Mathematical Instruction の頭文字。あなたも AMI の輪に加わりませんか。

伊藤潤一

1947年生まれ。1970年岩手大学教育学部数学科卒業。岩手県の県立および私立の高校教師として現在に至る。数学教育協議会委員長。

●編集委員会

伊藤潤一（代表）
何森 仁　　市川 良　　市橋公生　　加藤久和　　塩沢宏夫　　曽根由理恵

算数・数学わくわく道具箱

2022 年 6 月 30 日　第 1 版第 1 刷発行

編　者……………………数学教育協議会・伊藤潤一 ©

発行所……………………株式会社 日本評論社
　　　　　　　　　　　〒 170-8474 東京都豊島区南大塚 3-12-4
　　　　　　　　　　　電話：03-3987-8621 ［営業部］　　https://www.nippyo.co.jp/

企画・制作………………亀書房 ［代表：亀井哲治郎］
　　　　　　　　　　　〒 264-0032 千葉市若葉区みつわ台 5-3-13-2
　　　　　　　　　　　電話 & FAX：043-255-5676　　E-mail：kame-shobo@nifty.com

印刷所……………………精文堂印刷株式会社

製本所……………………株式会社難波製本

装　訂……………………銀山宏子（スタジオ・シープ）

イラスト…………………銀山宏子ほか

図版制作…………………亀書房編集室

ISBN 978-4-535-79828-1　　　Printed in Japan